MARCOS RAMON DA SILVA

RELÓGIOS DE BOLSO

A ARTE DE COLECIONAR

Conteúdo essencial para que deseja iniciar uma coleção de relógios de bolso ou investir neste segmento.

Edição 1

Buscai o Senhor Deus enquanto é possível achá-lo, invocai-o enquanto está perto! (Isaías 55:6)

Sumário

Prefácio 5

Relógio - Uma Equação Pessoal 7

Capítulo 1 História dos relógios 8
    Os primeiros relógios mecânicos 8

Capítulo 2 Colecionando Relógios 15
    2.1 A prática de colecionar relógios 15
    2.2 Relógios de bolso colecio-naveis 17

Capítulo 3 O valor das peças 21
    3.1 Como avaliar um relógio antigo 21
    3.3 Fabricante 26

Capítulo 4 Partes de um relógio 27
    4.1 Conhecendo e identificando 27
    4.2 Caixa 27
    4.3 Mostrador 30
    4.4 Coroa 31
    4.5 Ponteiros 31
    4.6 Cordão de pega 32
    4.7 Acessórios 32
    4.8 Máquina ou movimento 32

Capítulo 5 Adquirindo Relógios 45
    5.1 Comprando Relógios 45
    5.2 Como Iniciei a Minha Coleção 45
    5.3 Aspectos financeiros 50

5.4 O valor de um relógio 52

5.5 Pelo nome do fabricante 54

5.6 Pelo ano de fabricação 54

5.7 Pelos aspectos técnicos dos relógios 55

5.8 Tipo de Escapamento 56

5.9 Movimentos mais comuns dos relógios a corda. 56

5.10 Pela conservação das peças 59

5.11 Pela raridade com que se encontra um relógio 59

5.12 Pela beleza e nobreza de material de fabricação....60

5.13 O modo como é dada a corda 60

5.14 Pela forma como as horas eram ajustadas 61

5.15 Pelas marcas existentes nas caixas e tampas 62

Capítulo 6 Funcionamento do Relógio............................63

6.1 Mecânico a Corda..63

6.2 Começando pelo mecanismo da corda. 65

6.3 Trem de engrenagens 67

6.4 Minuteria..68

6.5 Mecanismo Regulador ou Contador do Tempo 69

6.6 Platina e caixa do relógio...72

Capítulo 7 Manutenção...74

7.1 Limpeza de Relógios 74

7.2 Os defeitos mais comuns: 75

7.3 Local de trabalho 79

7.4 Ferramentas 80

7.5 Abrindo o relógio para efetuar uma limpeza 84

7.6 Desmontando o relógio 86

7.7 Identificação e restauração dos relógios de corda 89

7.8 Como iniciar a restauração de um relógio? 89

7.9 Restauração x Mutação 92

7.10 Levando a peça a condição de origem 93

7.11 Recuperando Partes Faltantes 95

Capítulo 8 Identificação de Relógios 97

8.1 Relógio Waltham Mass 97

8.2 Como se deve identificar um relógio 97

Capítulo 9 Marcas consagradas no Brasil 107

9.1 Algumas marcas mais comuns 107

9.2 Relógios Omega 107

9.3 Relógios Longines 108

9.4 Relógios Rolex 109

9.5 Relógios Ernest Borel 109

9.6 Relógios Catorex 110

9.7 Relógios Cartier 111

9.8 Relógios Baume & Mercier 112

9.9 Relógios Oris 113

9.10 Relógios Aero-Watch 114

9.11 Relógios Zenith 115

9.12 IWC 115

9.13 Patek Philippe 117

9.14 Relógios Elgin..117

9.16 Relógios Waltman...120

9.17 Relógios Hamilton..121

9.18 Hamilton Watch, ...121

9.19 Fabricantes anônimos 122

Conclusão..124

Prefácio

Depois deste livro, você vai saber coisas maravilhosas sobre o seu relógio e, tenho certeza de que você nunca mais vai tratá-lo tão casualmente como você provavelmente faz agora. Você vai aprender aqui que um relógio mecânico é uma das coisas mais extraordinárias feitas por mãos humanas. Um relógio é uma verdadeira maravilha, um estado da arte. Suas partes devem ser tão exatas que podem ser medidas pela espessura de um fio de cabelo. Contém parafusos tão pequenos que se juntar um milhão deles, pode não pesar um quilo.

No entanto, você espera que um mecanismo tão delicado seja frágil e possa parar de funcionar muitas vezes, engano. Um relógio mecânico pode fazer o que nenhuma outra máquina pode fazer. Pode funcionar vinte e quatro horas por dia, sete dias por semana, cinquenta de duas semanas por ano e por um número indeterminado de anos. Pense nas condições que esse relógio precisa para executar esse serviço, você pode estar no Polo Norte ou no deserto do Saara, no espaço ou em um lugar que chove todos os dias, você espera que seu relógio marque as horas com a mesma precisão.

Ele pode trabalhar em qualquer posição, e quando está no braço, e você pode mudar sua posição quase constantemente. Deve suportar todos os tipos de solavancos e impactos. Quando você tira o seu relógio, do bolso ou do pulso e joga descuidadamente em uma mesa ou gaveta, todas as delicadas e pequenas partes recebem um choque. No entanto, você espera que ao usá-lo novamente, que ele não vá atrasar ou adiantar uma única batida.

Parte do mecanismo de um relógio mecânico, pode atingir 18.000 movimentos por hora ou mais. Isso somam mais de 150.000.000 de batimentos por ano. Uma máquina de costura por exemplo, quando está em movimento, suas revoluções são poucas comparadas a um relógio mecânico e mesmo assim suas engrenagens são lubrificadas a cada poucas horas de trabalho. Tudo o que um relógio precisa é uma pequena gota de óleo a cada ano, mas milhares de pessoas nem sabe sobre isso e negam a ele esse pequeno carinho e mesmo assim esperam que ele continue trabalhando ano após ano.

Atenciosamente,

Marcos Silva

Relógio - Uma Equação Pessoal

Quando você compra um relógio mecânico em uma loja e começa a carregá-lo, ele pode adiantar ou atrasar vinte ou trinta segundos por dia ou talvez até mais. Você acha que isso é um problema de fabricação ou que o relógio não está ajustado corretamente. Mas isso é uma questão completamente diferente. O seu novo relógio adianta ou atrasa regularmente com um erro constante. Também não atrasa em alguns dias e atrasa em outros dias. Você consulta o fabricante e ele garante que seu relógio funciona regularmente sob todas as condições e posições todos os dias.

O fato é que o relógio pode mudar sua cadência ao ser transportado por um determinado indivíduo. Cada pessoa, por exemplo, tem uma marcha individual própria na caminhada. Algumas pessoas andam rapidamente, outras lentamente. Alguns anda pesadamente, outros levemente. Alguns são muito inativos, outros estão sempre em movimento. Um relógio pode manter-se perfeito todo o tempo enquanto está pendurado em um suporte na sua casa, mas ganha ou perde cadência quando você o carrega. Ou pode manter o tempo perfeito para uma pessoa e não para outra.

Assim, o relógio além de ser uma máquina magnífica, ele também vai adotar ou não o indivíduo que o carrega.

Capítulo 1
História dos relógios

Os primeiros relógios mecânicos

A ideia de medir o tempo surgiu junto com a humanidade. Se for dia ou noite, isso indicava a hora de sair para caçar, comer ou de proteger-se. Durante o dia media-se o tempo olhando a posição do Sol e a noite pela posição dos astros de onde surgiram os astrônomos que conseguiam determinar o tempo para alguns eventos em função da posição dos astros por meio de cálculos relativamente simples. Uma vara fincada no chão durante o dia, fazia a divisão do dia em períodos que eram utilizados, pelos nossos ancestrais, para organizar suas atividades diárias. Foi aí que surgiu a primeira ideia de sociedade organizada em função do tempo. A organização requeria cada vez uma sociedade fundamentada pelo tempo. Assim o homem partiu em busca de medidores de tempo que fossem mais precisos.

Todos os artifícios possíveis foram utilizados, dentro da tecnologia conhecida em cada época, para medir o tempo. Dos astros aos principais elementos conhecidos na natureza como o fogo, a água o homem tentou e aperfeiçoo de várias maneiras a medição do tempo. Surgiram os relógios de Sol cuja eficiência era baixa já que só podiam medir o tempo durante o dia e dia com Sol. Depois veio a clepsidra ou relógio de água e seguindo a clepsidra a mais conhecida de todas as maneiras de se medir o tempo, a ampulheta ou relógio de areia. Estes últimos tinham o mesmo princípio, medir o tempo pelo escoamento de uma substância de um local para outro através de um orifício calibrado. Nestes casos as horas ainda não eram marcadas somente os intervalos de tempo. Com sua genialidade o homem, naquela época, já dava formas sofisticadas e artísticas na construção dos seus rudimentares medidores de tempo.

Os primeiros relógios mecânicos, muito elementares, surgiram por volta do ano 1200 no norte da Europa, na região da atual Alemanha. Tais relógios marcavam somente intervalos de tempos de forma grosseira. A divisão do dia em horas só aconteceu quando o astrofísico Galileu Galilei definiu as regras do movimento pendular e sua impressionante regularidade. Isso foi por volta de 1600. Os primeiros relógios tinham somente um ponteiro que marcavam as horas. Somente uns 100 anos depois é que surgiriam os ponteiros indicadores de minutos. Por essa ocasião, os relógios já eram olhados como joias e se caracterizavam pela beleza e riqueza. Como joias, tinha a marca do artesão que os fabricavam e eram utilizados na corte embelezando as senhoras e os fidalgos, assim como os ambientes dos castelos. Daí em diante não houve mais retrocesso e o homem tornou-se senhor do tempo. Os primeiros relógios que se podia carregar somente apareceram no final do século XVII. O principal problema a ser resolvido era a fonte de energia que deveria alimentar os relógios, pois até então, o peso era o principal meio de acionamento da corda nos mecanismos dos relógios e a precisão ainda era ruim.

As primeiras máquinas dos relógios foram produzidas em aço e logo depois em latão. O latão por ser mais fácil de trabalhar e mais resistente a corrosão foi o material preferido pelos pioneiros. Os relógios foram inicialmente produzidos por ferreiros ou por chaveiros. As duas as classes de profissionais eram habilitadas a fazer relógios, entretanto os chaveiros, que dominavam melhor a tecnologia do latão, acabaram por dominar melhor a tecnologia dos relógios portáteis em função da necessidade de diminuição no tamanho dos mesmos e isso também foi facilitado pelo uso do latão que era mais fácil de modelar. As primeiras máquinas dos relógios portáteis utilizaram escapamento do tipo Verge, sem mola no balanço. Isso trazia grandes imprecisões na marcação das horas, apesar de que nesta época havia apenas o ponteiro de horas nos relógios. A corda também não durava muito tempo e obrigava o feliz possuidor de um relógio a dar corda no seu relógio várias vezes ao dia.

Algumas literaturas afirmam que foi em 1524 que apareceram os primeiros relógios rudimentares. Esta data ficou como sendo a primeira data conhecida em que um relógio portátil foi produzido.

A figura mostra como eram os relógios no século XIV. Este é um modelo artesanal fabricado na Alemanha em 1580

Outros relógios apareceram em 1548, e eram provavelmente de origem alemã ou francesa. Os relógios suíços e ingleses não apareceram antes de 1575. Este pode ser considerado um período do aperfeiçoamento dos primeiros relógios mecânicos.

Esta segunda figura mostra o relógio com a tampa fechada.

Com a mecanização da indústria relojoeira surgiram às primeiras máquinas para fabricação de engrenagens. Isso facilitou a produção dos relógios mecânicos, entretanto os mecanismos ainda eram muito rudimentares e pouco confiáveis. Por volta de 1600 apareceu a primeira mola do tipo lâmina para ser usada como corda no relógio. Isto deu um salto na produção e aperfeiçoamento dos relógios portáteis que permitia armazenar uma maior quantidade de energia sem uso de pesos e a corda poderia ser mais longa necessitando apenas a corda ser dada uma vez por dia.

Problemas técnicos precisavam ser resolvidos, pois uma mola espiral tem força diferente em sua tensão entre está totalmente bobinada, início da corda e, quando está quase no final da corda. Isso fazia o relógio andar mais rápido no início da corda e mais lento no final da corda. Conseguir um torque constante que mantivesse a marcha na faixa mais precisa do relógio implicava em utilizar somente uma pequena parcela da corda.

Novamente traria o problema inicial de dar corda várias vezes por dia. Uma outra solução precisava ser achada. Os alemães inventaram um mecanismo chamado *stackfreed* que tinha um trem de engrenagens e uma outra mola para compensar as variações da tensão da corda. Este sistema foi utilizado somente na Alemanha, mas também não era eficiente o bastante.

Outra solução aconteceu na França e na Inglaterra. Foi a utilização de um fuso em forma de caracol obtendo-se assim uma boa regulação da tensão da corda. Esta solução foi utilizada até o final do século XIX. Este foi um passo importante para resolver o problema da corda, mas outras soluções precisavam ser aperfeiçoadas e implementadas nos relógios mecânicos portáteis.

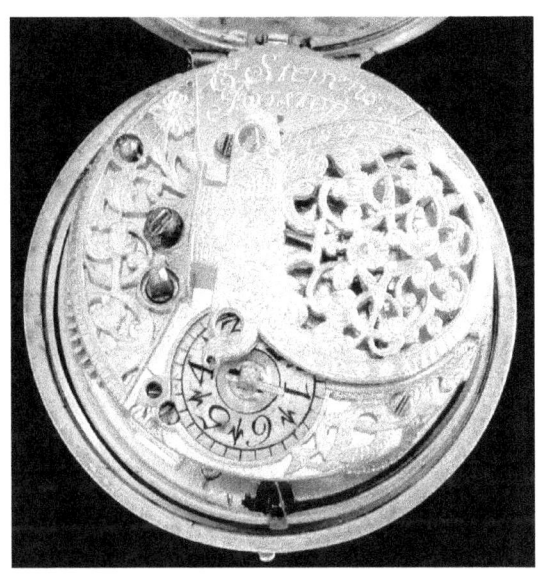

A relojoaria americana também foi de grande contribuição no aperfeiçoamento dos relógios mecânicos. Na foto um relógio fabricado em 1740 por E. Stevens Boston. Observe a riqueza de detalhes em uma época que tudo era feito manualmente.

Após as melhorias na corda e na precisão dos relógios, começaram aparecer as decorações e ornamentos. Os relógios passaram a trazer outras informações como as das fases da lua, datas e as caixas passaram a receber ornamentos e decorações. As caixas dos relógios começaram ser fabricadas com metais preciosos sendo os mais comuns o ouro baixo e a prata. No entanto, a precisão ainda continuava muito a desejar.

Capítulo 2
Colecionando Relógios

2.1 A prática de colecionar relógios

Creio que todas as pessoas gostam de ter uma atividade que lhes dê satisfação. Colecionar coisas, por exemplo, é uma atividade prazerosa. Não importa se são coisas de valor ou sem valor, mas o fato é que todas as coisas contam uma história. Alguns dizem que entender o passado nos ajuda projetar o futuro. Mesmo que não seja deste modo eu considero que certas experiências com o passado podem nos trazer conhecimento e experiências únicas, legado daqueles que já não estão mais entre nós, mas que de alguma forma deixaram sua marca, seu código para ser interpretado pelos seus descendentes.

Eu considero o estudo sobre os relógios uma das atividades mais completas no que diz respeito ao conhecimento do desenvolvimento tecnológico nos últimos três séculos. O relógio, ao contrário de outros artefatos, conta-nos à história da genialidade humana, dos costumes de épocas e da arte em seus vários aspectos. Tenho maior paixão pelos relógios de bolsos, pois eles tiveram evoluções constantes, ao contrário de outros tipos de relógios, tais como os de parede, de mesa, etc., os relógios de bolso eram personalizados e se tornaram verdadeiras obras de arte que podiam ser exibidos como joias pelos seus donos, que em muitos casos também lhes designavam o status merecido. O relógio de pulso basicamente usou as técnicas e invenções já disponíveis nos relógios de bolso e sua massificação aconteceu em épocas mais recentes a partir da segunda metade do século XX.

Não faz sentido você iniciar uma coleção se você não tiver interesse em alguma coisa relacionada com aquilo que você estiver colecionando. Muitas pessoas ajuntam coisas simplesmente pelo prazer de tê-las ou por motivos econômicos sem ao menos se importarem com o que aquilo que elas colecionam representam. Neste livro vamos trazer algumas dicas para as pessoas que gostam de colecionar relógios mecânicos, mas não sabe como fazê-lo.

Os relógios mecânicos abrangem uma variedade enorme de fabricantes, modelos e tipos que os tornam difíceis para estabelecermos uma divisão. Primeiro vamos classificar os relógios mecânicos dentro de um contexto geral e depois reclassificá-los novamente de acordo com suas sub divisões. Inicialmente vamos dividir os relógios mecânicos da seguinte maneira:

1. Relógios de parede;
2. Relógios de uso sobre móveis (garniture);
3. Relógios de pulso;

4. Relógios "grand father" ou de coluna;
5. Relógios exclusivos (dedicados a finalidades próprias);
6. Relógios de algibeira ou de bolso.

Neste livro trataremos, tão somente, dos relógios de algibeira ou bolso. Em alguns momentos citaremos relógios de outros tipos mais somente com intuito de esclarecer situações ou conexões que possam ter influenciado a fabricação dos relógios de bolso ou vice-versa.

2.2 Relógios de bolso colecionaveis

Relógio Hebdomas

Para o candidato a colecionador eu poderia dizer que todos os relógios são colecionáveis. Tudo depende do tipo de interesse que cada um tem quando se propõe a fazer a sua coleção ou do enfoque que você vai dar para ela. Em uma coleção podemos observar várias características; o histórico, o valor econômico, a genuinidade das peças, a antiguidade, a beleza, o tamanho das peças, a arte dos artesões ou mesmo da automação das modernas indústrias ou todas as características juntas. O importante em uma coleção é estabelecer um critério para seguir e isso é que vai dar consistência e valor a coleção. Creio também que a quantidade de peças não é tão importante, mas a qualidade da coleção e a coerência com o enfoque proposto. Catalogar as peças e conhecer a origem e a história de cada peça é um ponto fundamental que vai valorizar a sua coleção. Estudar os detalhes e entender o contexto histórico da época é como reviver o passado e mais ainda entender "o porquê" de algumas coisas no presente.

Nos relógios encontramos uma vasta variedade de aspectos a serem pesquisados. Dentro do contexto histórico podemos verificar: quem fabricou o relógio; quais eram os acontecimentos marcantes da época; foi fabricado por uma relojoaria que sobreviveu até o presente; para quem foi fabricado o relógio; os detalhes que levou a relojoaria a escolher aquele estilo de relógio; foi uma peça de valor em sua época; foi feito para fidalgos ou para o povo trabalhador; foi um relógio masculino ou feminino. Descobrir que usou um certo relógio poderia criar um aspecto importantíssimo em uma coleção.

A figura da página seguinte mostra um relógio de bolso com o tamanho do movimento de 10.5 linhas (ver tabela no final do livro), não assinado, caixa com 31mm de diâmetro. Este relógio assinado, na sua caixa, apenas com as letras "XL", segundo pesquisa, era a forma como a Rolex assinou os seus primeiros relógios. Essa referência foi encontrada no livro de George Gordon's, "Rolex - Timeless Elegance".

No que tange aos detalhes técnicos da peça podemos observar os seguintes aspectos: o nome da relojoaria que fabricou o relógio; a data de fabricação; o material de fabricação; a arte estampada na caixa do relógio; o formato e tamanho do relógio; as assinaturas dos fabricantes (nome, logomarca e número de série) sobre a caixa, o modelo da caixa, o número de tampas, a pega do cordão, a máquina do relógio, os detalhes de acabamento, o tipo de escapamento, o número do calibre, a forma de acertar as horas, a forma de dar corda no relógio, o tipo de mostrador, o material de fabricação do mostrador, a arte sobre o mostrador, os algarismos indicadores de horas (se arábicos, romanos, otomanos etc.), se tem o segundeiro, se é cronógrafo, o tipo do cordão de pega, o atacador do cordão e outros aspectos exclusivos existentes em alguns relógios.

Enfim, tudo isso vai definir a qualidade final do relógio e seu valor na coleção. Alguns relógios não foram assinados por seus relojoeiros. São belas peças, verdadeiras obras de arte, que acabaram ficando no anonimato. Estas peças também são bem interessantes.

Nesta figura vemos um relógio de bolso que foi presenteado ao pessoal da área de saúde que trabalhou na primeira guerra mundial. Trata-se de um relógio fabricado em 1919/1920 assinado apenas com as letras XL.

Um colecionador dedicado poderia estabelecer, pelos aspectos técnicos de fabricação das máquinas (calibres) e artísticos nos detalhes da caixa, mostrador e coroa, datas ou épocas, países de origem e influência de tais peças na sociedade em que foram feitos. É interessante notar que muitos dos relógios sem assinaturas são do tipo feminino. É como se o fabricante não quisesse vincular seu nome a fabricação deste tipo de relógio, talvez por receio de perder o mercado masculino que era de maioria absoluta na época. É um grande desafio ao colecionador e isso pode enriquecer em muito uma coleção de peças deste tipo.

Capítulo 3
O valor das peças

3.1 Como avaliar um relógio antigo

Como definir o valor de um relógio? A forma mais simples é definir pela raridade que cada peça tem. A raridade não tem muito a ver com a idade. É claro que quanto mais velho mais raro as peças vão ficando. Entretanto, tem séries de relógios que foram exclusivas outras foram populares. As exclusivas muitas vezes foram destinadas a uma pessoa em especial.

Neste caso, este relógio será tão precioso quanto seja a importância desta pessoa na história. Um relógio comum que pertenceu a Elvis Presley, por exemplo, poderia ser muito mais caro do que um genuíno suíço de ouro 18 do século XVIII. Outros relógios foram feitos para grupos específicos; étnicos, militares, membros da corte etc. e tiveram tiragens limitadas. Outros foram feitos para o povo em geral com tiragens em grande escala, são chamados de populares. Cada um terá seu valor dependendo das características técnicas e da importância histórica.

A peça em si também tem seu valor intrínseco. Pode ser uma peça de ouro 18K pode ser de prata, níquel, cobre etc. bastante trabalhada e isso se somando ao seu valor histórico pode aumentar em muito o seu preço final.

Lindo relógio feminino em ouro 18K do século XIX - Anônimo

Muitos colecionadores ajuntam peças sem que haja uma coerência histórica ou artística na sua coleção simplesmente pelo valor intrínseco da peça. Neste caso eles apenas juntam peças pelo prazer de tê-las sob sua guarda olhando apenas os valores econômicos isolados de cada uma das peças que possui. Isso é como matar a história e privar as pessoas de se deliciarem do conhecimento que poderia se obtido de cada peça.

O valor individual de uma peça pode ser importante, mas não torna o possuidor de tais peças um colecionador genuíno, ele estaria mais para um ajuntador de relíquias. Um outro ponto a considerar, é que uma peça sozinha tem o seu valor próprio, mas uma peça agregada a outras, informando e esclarecendo fatos e revivendo a história, tem o seu valor aumentado na mesma proporção da sua importância dentro da coleção. Uma peça que comprova um fato histórico ou que servirá como um elo as duas fases da história, poderia ser sem dúvida a peça mais importante de uma coleção e ter seu valor aumentado na mesma proporção de sua importância.

Um trabalho de pesquisa bem elaborado sobre uma coleção pode aumentar o seu valor em até dez vezes ou mais. Quanto maior o número de informações sobre uma peça, maior será o valor desta peça. A informação também tem o seu valor próprio que é definido pela importância e dificuldade em se obter. Quando agregamos a informação a uma coleção ela pode se tornar a principal peça desta coleção. Neste caso o relógio (a peça) daria consistência e veracidade a informação e ele já não seria a peça principal da coleção.

3.2 Como iniciar uma coleção

Como toda as outras coisas na vida, a qualidade de uma coleção depende do investimento que você pode fazer e de quanto tempo você vai dedicar-se ao trabalho de pesquisa o que você espera receber em troca ao final de um certo tempo. Colecionar é algo que não se pode ter pressa além do mas, quase sempre você não poderá estipular uma data para encerrar a sua coleção pois, ocasionalmente, adquirirá novas peças e assim fazendo novas descobertas. Os primeiros passos para começar uma coleção são os de definir a linha que deva ser seguida.

Uma linha definida por idade é o mais comum entre os colecionadores de relógios. Uma divisão de tempo que pode ser utilizada para ajudar é o de dividir os relógios por seus períodos de fabricação. Um exemplo é demonstrado abaixo;

1. Relógios antigos:
    a. Antes do século XVIII – antiguíssimos, pioneiros; relógios com alguma arte, sem precisão.
    b. Século XIX – antigos com alguns aperfeiçoamentos; Precisão aceitável. Época dos relógios usados como sinal de status. O relógio passou a ser usado como jóia nas cortes de todo o mundo; Competição pela melhor precisão dos relógios mecânicos.
2. Relógios velhos (século XX);
    a. De 1900 a 1935 – mudanças nos materiais de fabricação e no tipo de escapamento – a Suíça se firma no mercado mundial de relógios;
    b. De 1936 a 1969 – inicia a industrialização mecanizada de relógios. Os relógios de pulso conquistam seu espaço e se perpetuam no mundo dos relógios;
3. Relógios novos;

a. 1970 até o presente – a Suíça firmada na qualidade dos seus relógios perde mercado em todo o mundo para o Japão, que usando novas tecnologias e novos paradigmas (relógios a quartzo), inicia-se a industrialização em massa de relógios a quartzo com altíssima precisão tornando o relógio um bem popular.

Isso não quer dizer que o candidato a colecionador não queira fazer uma divisão de tempo diferente desta que foi sugerida. Um motivo histórico pode justificar diferentes divisões. Por outro lado, o candidato a colecionador talvez queira usar uma forma diferente de colecionar os seus relógios até mesmo sem levar em consideração a idade ou misturando todos eles; antigos, velhos e novos. Por exemplo, podemos colecionar relógios pela tecnologia aplicada; pela arte estampada sobre a caixa; o tipo de material, ouro, prata, aço etc.; pelo fabricante dos relógios, pelo tamanho das peças etc. Tudo é válido desde que haja coerência e que o motivo seja justificado. Lembre-se que ajuntar peças não é fazer coleção. Colecionar é juntar fragmentos do passado para contar uma história; é reviver o passado; é aprender com a experiência daqueles que deixaram sua marca no tempo; é apreciar a beleza dos grandes artesãos.

3.3 Fabricante

Relógio Rolex em ouro 18K

Outra forma comum de se fazer uma coleção é pelo fabricante. Todos nós sabemos que a Suíça é famosa por seus relógios. Sabe-se que os maiores relojoeiros do mundo estão na Suíça. Marcas famosas e muito conhecidas se imortalizaram como sendo os melhores relógios do mundo. A relojoaria Suíça ficou famosa no mundo com marcas como Omega, Patek Philip, Longines, Tissot, Rolex e muitos outros que perduram até os dias atuais. Fabricantes americanos como Hamilton, Waltham, Elgin, fabricantes Russos como Polget e Francesas como Lapine, também ficaram famosos no mundo inteiro pela qualidade e precisão dos seus relógios. Outros países também contribuíram com a relojoaria como a Inglaterra, por exemplo, mas foi sem dúvida a Suíça se sobressaiu entre todas as relojoarias do mundo por ter prestado uma grande contribuição à humanidade em marcar o tempo com precisão.

Capítulo 4
Partes de um relógio

4.1 Conhecendo e identificando

Grosseiramente nós podemos dividir o relógio nas seguintes partes:

1. Caixa;
2. Mostrador;
3. Coroa;
4. Ponteiros;
5. Cordão de pega;
6. Acessórios;
7. Máquina ou movimento;

4.2 Caixa

Todo o relógio seja qual for a sua categoria tem uma caixa na qual está alojado o movimento (a máquina). A caixa é geralmente redonda ou ovalizada. Elas também podem ser fabricadas em vários materiais e com outros formatos. Os relógios de luxo eram considerados

Caixa em prata totalmente articulada.

jóias que faziam parte do vestiário dos fidalgos. Normalmente, as caixas eram fabricadas em ouro de vários teores de pureza sendo os mais comuns o ouro 10K, 14K e o ouro 18K para as peças mais refinadas. Também eram usados materiais como o cobre, o latão, a prata, o níquel e mais recentemente o aço inox. O titânio somente veio aparecer nos últimos 30 anos considerado um material moderno. O tipo clássico de caixa é constituído pela parte central na qual se ajusta o movimento. O anel a que se ajusta o vidro chama-se aro (luneta) e a tampa do lado do movimento é o fundo.

A caixa de um relógio contém todas as outras partes que o compõe. Nela está acondicionado a máquina, mostrador, ponteiros, coroa, vidro e outros acessórios que possam ter. Nela também estão as macas do fabricante e normalmente a expressão da sua arte.

O fundo e o aro apoiam-se contra a parte central em encaixes inclinados. O ajustamento tem a forma ligeiramente cônica invertida, com os ângulos arredondados, criando, desta forma, uma certa resistência à introdução do aro ou do fundo, e garantindo assim um encaixe firme e constante destes dois no local. A caixa estanque cada vez mais introduzida no mercado tem em geral, ainda, uma junta vedadora. Por virtude de roscas apropriadas, o fecho é obtido geralmente por aparafusamento do fundo do relógio. O aro, neste caso, constitui um todo com a parte central da caixa. Este tipo de caixa somente veio a aparecer com os relógios modernos.

Caixa em ouro 14K com duas tampas no fundo

As caixas são trabalhadas e muitas vezes se apresentavam como verdadeiras obras de arte. Trabalhos em alto e baixo relevo eram feitos artesanalmente e traziam gravuras de época. Alguns relógios possuem mais de uma tampa. Em alguns casos servem para proteger o aro ou uma sobre tampa traseira protege a máquina do relógio sendo que, muitas vezes, as duas tampas eram fabricadas do mesmo material.

Para o colecionador é importante que as tampas sejam assinadas pelo fabricante com nome ou impressão da sua logomarca. Isso atesta que as tampas e caixa são genuínas e que não sofreram restaurações abusivas com uso de materiais modernos substituindo os materiais originais.

4.3 Mostrador

É à parte do relógio onde se lê as horas. Os mostradores devem ser legíveis e devem ser bonitos. Alguns mostradores são verdadeiras obras de arte. Contém pinturas ou ornamento em materiais nobre como ouro ou prata. Os mostradores são fabricados em materiais nobres sendo os mais comuns o ouro, a prata e a cerâmica. O mostrador de cerâmica branca é o mais comum.

Mostrador de cerâmica.

Além de bonito aceita traços decorativos, o desenho dos números e as divisões das horas e minutos. Um mostrador pode valorizar em muito o relógio não só pelo visual, mas pela qualidade da arte que lhe é impressa.

O colecionador deve ter em mente que um bom mostrador de cerâmica não deve possuir "fios de cabelo" (rachaduras) que venham comprometer o visual do mostrador. Em alguns casos, pequenos "fios", que não atrapalhe a leitura, podem até enobrecer a peça dando-lhe um charme especial que pode atestar-lhe o tempo de fabricação.

4.4 Coroa

A coroa é à parte do relógio que normalmente serve para dar corda e acertar as horas. Na sua extremidade tem uma alça para segurar o cordão. Uma coroa bem trabalhada pode ser um atrativo ao relógio. Formato, material e pega da coroa podem criar uma imagem de requinte e de facilidade no uso do relógio. Nos relógios de bolso a coroa normalmente não é assinada pelo fabricante, mas isso não é uma regra. A coroa pode estar ao meio dia na maioria dos casos ou às três horas, principalmente no caso dos relógios que têm tampas sobre o vidro. Na alça da coroa se prende o cordão de pega.

Coroa para acerto
Das horas ou
para dar corda

4.5 Ponteiros

Os ponteiros são um show à parte. Normalmente são de ouro, banhados de ouro ou pintados. Existem ponteiros em formatos trabalhados, pintados ou revestidos com metais nobres. Um relógio tem em média 2 ou 3 ponteiros.

Ponteiro

4.6 Cordão de pega

Trata-se de um cordão para prender o relógio a vestimenta. Normalmente é fabricado em metal nobre como ouro ou prata. Cordões de aço também são comuns. Possui um atacador para prender na roupa em uma ponta e um prendedor do relógio na outra.

4.7 Acessórios

São opcionais que acompanham alguns tipos de relógios. Por exemplo, a chave para dar corda, cordões de pega com formatos especiais, coroa dupla, tampas com selos estampados atestando prêmios de qualidade etc. Normalmente os acessórios acompanham o estilo e o material do relógio que o traz.

4.8 Máquina ou movimento

Máquina de um relógio Rolex.

O movimento é o coração de um relógio, o seu motor.

O movimento por se só já é uma obra de arte. É a expressão da genialidade humana e da tecnológica de cada época. Fabricar um relógio há cem anos não é o mesmo que fabricar um relógio hoje. Não havia torno CNC nem computador. Tudo era feito manualmente e a precisão era o fator de qualidade que fazia o nome do artesão.

A máquina de um relógio antigo requeria mancais de apoio das engrenagens que durassem, praticamente, séculos e cujo atrito fosse o menor possível. Isso era conseguido pelo uso de pedras preciosas de alta dureza sendo as mais comuns o diamante e o rubi. O sistema mais importante da máquina de um relógio é o seu balaço. É a peça que sincroniza a descarga da corda do relógio e estabelece o padrão de tempo para marcar as horas com precisão.

O tipo de escapamento existente no sistema de balanço também é de suma importância no funcionamento do relógio. Este sistema foi aperfeiçoado na Suíça e foi difundido no mundo inteiro. Quando estudarmos a descrição técnica de um relógio, veremos os principais tipos de escapamentos existentes. Para sistematizar o estudo da máquina do relógio, vamos dividi-la em partes que chamaremos de sistemas. Entendendo por sistema um conjunto de peças que

Platina - disco onde são montadas todas as outras partes do movimento.

desempenha uma função determinada vamos dividir a máquina do relógio a seguinte maneira:

1. O "ébauche" do relógio - A base de um relógio é formada por um disco de latão, também chamada de platina, serve para dar suporte às peças moveis e às pontes. Na platina, como nas pontes, são feitos certas aberturas e alojamentos para que fiquem espaços para os sistemas do relógio. Também são feitos furos que servem de apoio para girarem as rodas (mancais). Os mancais geralmente são fabricados de pedras preciosas, rubis ou diamantes, cravadas na platina e nas pontes. As pontes são fixadas na platina por meio de parafusos e espaçadores. A repartição das peças móveis, a forma, o número de mancais de pedras preciosas, o número das pontes, assim também como a disposição e o acabamento das partes do relógio são elementos característicos do seu calibre.

2. Sistema de corda – a corda é a fonte de energia que juntamente com tambor e a engrenagem transmissora formam o sistema motor do relógio. A corda fornece a energia para movimentar o relógio. As maiorias dos relógios possuem um tambor onde a corda é enrolada e apertada pelo mecanismo de corda que pode ser uma coroa de corda ou uma chave de corda.

Tambor de corda

Normalmente a corda fica presa à roda maior do relógio, e seu desenrolar é controlado pelo mecanismo de escapamento.

Sistema de corda e de acertar as horas serve para realimentar a fonte de energia do relógio e para aferir o sistema de indicação. O mecanismo mais comum é o uso da coroa para dar corda ao relógio.

Dar corda a um relógio consiste em enrolar a corda em volta da respectiva árvore para lhe dar o máximo de tensão. Nos relógios primitivos, atuava-se sobre a árvore-motriz assim como sobre o eixo dos ponteiros por meio de uma chave. Hoje, dá-se corda ou acerta-se o relógio por meio do eixo respectivo, que tem um disco recartilhado chamado coroa, cuja ponta está no exterior da caixa do relógio.

Coroa de corda e acerto de horas

Para dar corda, assim como para acertar o relógio com o mesmo eixo de comando, imaginou-se um dispositivo tal que, devido à sua ação, se possa bifurcar a transmissão do movimento, por engrenagem, ora sobre o motor ora sobre os ponteiros. Existem diversos tipos de mecanismos, mas é o de tirante que está mais introduzido na fabricação dos relógios.

A transmissão do eixo da corda ao motor ou aos ponteiros, obtém-se pelo deslocamento do carretel corrediço sobre o eixo de dar corda, graças a uma combinação de alavancas e de planos inclinados que entram em ação desde que se atue axialmente sobre o eixo de dar corda. Para o acerto do relógio, o eixo respectivo é puxado para o exterior da caixa; para dar corda, o eixo é empurrado para o interior da caixa. Quando se dá corda ou quando se acerta o relógio, a estabilidade dos sistemas é garantida pela ação da mola saltadora (mola de tirante) que, na maior parte dos casos, desempenha também a função de ponte que cobre a rodagem de acerto do relógio.

Chave de corda e de acerto de horas

O carretel corrediço está acoplado ao carretel de dar corda por meio de dentes Bréguet. Do lado oposto, a sua face tem dentes feitos para engrenar no carretel intermediário e transmitir, assim, o movimento aos ponteiros por meio da roda da corda. Nos relógios mais antigos a corda e o acerto das horas eram feitos por chave externa aplicada em mecanismos diferentes. Além de ter que abrir alguma tampa para ter acesso ao local da chave eram necessários efetuar dois procedimentos, o ajuste de horas e dar corda no relógio. Um mecanismo com chave externa pode ser visto na figura ao lado. A chave está colocada no tambor de corda e no pino central, que aparece no meio do movimento, serve para fazer o ajuste das horas.

Para manter o movimento do sistema regulador, é necessário que a fonte de energia se comunique, por intermédio das rodas e dos carretéis, ao sistema de escape o qual, por sua vez, a transmite a intervalos regulares, ao sistema oscilante o balanço.

Mola: Esta fonte de energia deve fornecer uma força tão constante quanto possível, ser bastante forte e manter o movimento do sistema regulador durante um certo tempo. A energia

Corda de relógio de bolso.

deve ser renovada por meio da corda do relógio. A força motriz é fornecida pela corda que está fechada no tambor; este é a primeira peça da rodagem. O tambor de corda é formado por três peças; tambor propriamente dito, a tampa e a árvore. As duas primeiras peças são de latão, e a árvore é de aço temperado e revenido. O tambor, que possui o dentado tem um entalhe circular no qual se vai fixar a tampa. O tambor forma, assim, uma caixa cilíndrica fechada onde está a corda. O tambor gira sobre a respectiva árvore a qual tem, numa das suas extremidades, um quadrado onde se ajusta o rochet. A corda enrola-se na parte mais grossa da árvore, chamada "bonde", que tem um gancho e é feita de forma que a corda se possa enrolar corretamente.

A corda é uma longa lâmina de aço enrolada em forma de espiral de Arquimedes, ou de espiral invertida. Deve ser de boa qualidade. A extremidade interior chama-se o olhal. Este último possui uma abertura retangular, o furo, cuja largura é um terço da altura da lâmina e que permite prender a corda à "bonde". A parte exterior da corda possui uma brida que permite segurá-la à parede interior do tambor. Em geral é formada por uma lâmina curta cravada.

A fim de melhorar o desenrolamento da corda, conceberam-se bridas que podem ter uma ou duas partes salientes que se prendem no fundo do tambor e na tampa. Elas não ficam, como na brida simples, apoiadas contra a parede interior do tambor, mas encontram-se colocadas entre a primeira e a segunda volta a partir do tambor. Uma brida assim concebida, ligeiramente arqueada, atua contra as voltas interiores e favorece um enrolamento mais concêntrico da corda.

Nos relógios automáticos, emprega-se a brida deslizante; a parede interior do tambor não tem gancho e é lisa em toda a sua extensão. A extremidade da corda está presa ou cravada numa brida que ocupa no interior do tambor um pouco mais de uma volta. No momento em que a corda atinge o máximo de armação, uma parte da brida destaca-se da parede interior e a superfície de atrito diminui; produz-se, então um ligeiro escorregamento da brida, a corda afrouxa e simultaneamente a brida abre-se de novo para retomar a sua posição de fricção máxima e manter a tensão da corda. Desta forma não se pode produzir uma sob retenção prejudicial capaz de fazer com que a corda parta ou o balanço rebata.

Para que a corda trabalhe em boas condições, é necessário que as espiras sejam engraxadas; não basta olear, porque a pressão das lâminas expulsa o óleo e elas acabam por friccionar em seco umas contra as outras, o que produziria gripagem e uma diminuição sensível do rendimento.

Há graxas especiais, algumas as quais contêm grafite pura, a fim de diminuir ainda mais o atrito e aumentar o rendimento. É, portanto da maior conveniência para o reparador, colher todos os esclarecimentos úteis junto das casas especializadas para evitar qualquer contrariedade com o funcionamento da brida deslizante.

3. Sistema de rodas ou engrenagens: O sistema desempenha ao mesmo tempo as funções de transmissor de movimento e contador, pois além de transmitirem energia, contam o número de voltas que cada roda deve dar. Por exemplo: enquanto a roda de centro (horas) dá uma volta, a roda de minutos tem de dar exatamente 60 voltas.

Sistema de rodas: formam um trem de rodas que sai da corda até a roda de escape do relógio.

4. Sistema de escape ou escapamento - faz a função de sistema distribuidor, transformando o movimento rotativo em impulsos que depois distribui a intervalos regulares. O escapamento foi o sistema mais complicado de ser desenvolvido nos relógios mecânicos. É ele, juntamente com o sistema de balanço, que determinam a precisão do relógio. Introduzido no século XVII este sistema é responsável pela cadência do relógio. É um sistema de altíssima precisão. Tem a função de parar momentaneamente o movimento das engrenagens do relógio e em seguida liberar esse movimento por inércia do sistema de balanço num intervalo de tempo medido pelo sistema de balaço.

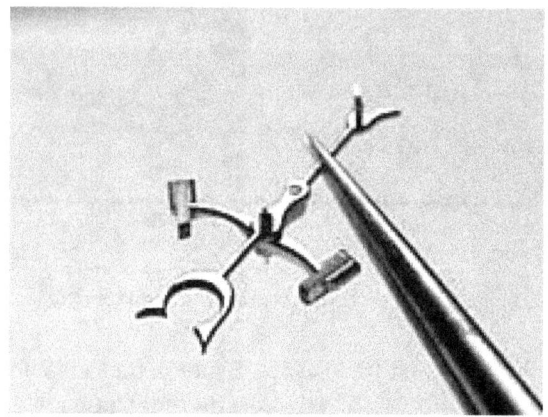

Alavanca do sistema de escapamento.

Quanto mais preciso for esse intervalo de tempo mais preciso será o relógio. Existem muitos tipos de escapamentos, alguns simples e outros bem complicados. Voltaremos a abordar os sistemas de escapamento mais adiante.

5. O sistema balanço com mola espiral - desempenha a função de oscilador, já que é o seu movimento oscilatório que mede o tempo, dividindo-o em frações muito pequenas e iguais. Como é ele que regula o funcionamento de todo o relógio, também é chamado sistema regulador.

Balanço com mola aspiral

6. Sistema de rodas – se por um lado, a energia da corda é transmitida ao sistema de escapamento, por outro lado, o movimento controlado do balanço é transmitido aos ponteiros do mostrador por meio de três rodas distintas, que são:

A rodagem do tempo que compreende o tambor e o carretel de centro. É dela que depende a duração de marcha do relógio, que é determinada pelo número de voltas de desenvolvimento da corda e a relação existente entre o número de dentes do tambor e o número de dentes do carretel de centro, o qual dá uma volta numa hora. As rodagens contadoras são constituídas por:

- ✓ Roda de centro
- ✓ Roda de minutos e seu carretel
- ✓ Roda de segundos e o seu carretel
- ✓ Carretel de escape

A roda de centro, como o seu nome indica, ela deve contar os números de voltas de maneira a que o carretel de minutos, por exemplo, execute 60 voltas enquanto a roda de centro dá uma volta, ou ainda, enquanto a roda de escape executa o numero de voltas determinadas pelo numero de alternâncias por hora do sistema regulador.

Diversas rodas de um relógio de bolso.

A roda de minutos que é composta por: carretel de minutos (chaussée) ajustado no eixo de centro e que leva o ponteiro de minutos roda de centro e o seu carretel roda de horas, movimenta o ponteiro das horas, e assim por diante. Uns estudos mais detalhados dos mecanismos dos relógios verão mais oportunamente.

7. Sistema indicador do tempo - é composto por um disco graduado chamado de mostrador e ponteiros. Recebe por isso a classificação de analógico face aos modernos sistemas de números e osciladores eletrônicos conhecidos como sistemas digitais. No mostrador aparece o resultado de todo o mecanismo do movimento do relógio que é medir as horas com precisão. O mostrador é o que se ver no relógio.

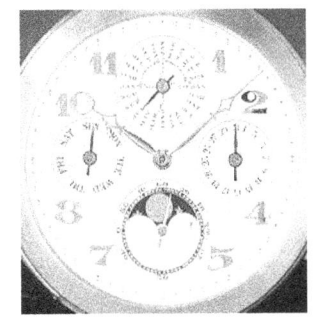

Neste relógio, vários ponteiros indicam diversas informações.

Em alguns casos mostradores de relógios podem ser verdadeiras obras de arte.

Capítulo 5
Adquirindo Relógios

5.1 Comprando Relógios

Existem mais pessoas colecionando relógios do que se possa inicialmente imaginar. Eu mesmo me surpreendi com a quantidade de amigos que acabei fazendo depois que decidi colecionar relógios. Além de ser uma atividade agradável é bastante gratificante pelo número de amigos que você acaba fazendo. Por outro lado, à troca de informações nestes grupos é muito educativa, pois cada um conhece detalhes sobre os relógios vai compartilhado com os outros membros do grupo. Também os interesses financeiros despertam em alguns o dom de fazer negócios e isto é muito encorajador, pois você conhece e adquire técnicas para comprar, vender, fazer de negócios e administrar financeiramente a sua coleção. No começo não é fácil, pois aparecem os aproveitadores que estudam somente para dar golpe nos menos informados, desses você deve manter distância.

5.2 Como Iniciei a Minha Coleção

A minha iniciação com os relógios aconteceu pela Internet. Ao me cadastrar em um site de leilões acabei me deparando com uma oferta de um relógio que me chamou atenção. Tratava-se de um relógio de pulso Sector, Suíço, a quartzo, em aço e ouro. Sempre tive muita admiração pelos relógios de ouro e nesta ocasião não pensei duas vezes e acabei por dar lance no relógio que uso com muita satisfação até os dias de hoje. A pessoa que me vendeu, Eduardo Bernardes, relojoeiro da cidade de Campinas/SP, foi muito atencioso e me deu algumas informações a respeito do relógio que havia comprado, informações essas que incluíam palavras totalmente desconhecidas para mim até aquele momento, mas que despertou a minha curiosidade em conhecer melhores os jargões citados naquele breve contato.

Interessante que antes disso estive na Suíça na cidade de GENEVE berço da relojoaria Suíça e nem me dei conta na época da importância deste fato. Não me passava pela cabeça nesta ocasião conhecer mais sobre relógios e muito menos colecioná-los. Foi o meu contato com Eduardo Bernardes que me introduziu no mundo dos relógios. A partir daí comecei a pesquisar na Internet sobre relógios e acabei por optar pelos relógios mecânicos de bolso como os preferidos para colecionar.

A escolha por este tipo de relógio teve como preferência o tamanho do relógio (facilidade para guardar), a beleza (na forma da arte impressa sobre caixa, mostradores, ponteiros, etc.), a facilidade de negociar (aspectos financeiros na hora de vender), o histórico de cada peça (aspectos históricos) e grandes ofertas de relógios antigos. O preço de aquisição é bem mais barato do que um relógio de pulso da mesma idade ou raridade e além de tudo isso, são mais bonitos e atrativos. Foi paixão a primeira vista.

Geneve - Berço da relojoaria mundial

Já faz mais de dois anos que comecei a minha coleção de relógios de bolso e possuo cerca de trinta relógios. Alguns estão estampados nas páginas deste livro. A minha coleção não prima pela beleza da peça nem por seu valor econômico, mas pelas curiosidades históricas a ela relacionada. Gosto da história e procuro evidenciar isso nos detalhes dos mecanismos, caixas, mostradores e ponteiros e na genialidade humana. Não levo em conta a raridade ou valor financeiro da peça, apesar de isso ser evidenciado na minha coleção. Tenho peças raras e peças populares, mas todas devem ter uma beleza artística ou história para contar. As peças mais novas que possuo devem ter cerca de 30 anos e as mais antigas cerca de 180 anos. Continuo buscando e pesquisando para descobrir outras peças interessantes. Também estou estudando o assunto para conhecer melhor os relógios que são ofertados no mercado. Tenho encontrado bastante dificuldade em reunir informações sobre relógios para o propósito específico de colecioná-los, assim resolvi colocar a minha pesquisa em forma de livro para ajudar a outros que querem ingressar no fascinante mundo dos relógios.

Considero a Internet como o melhor lugar para adquirir relógios. Pela facilidade de se obter informações sobre o produto e da compra propriamente dita. Neste tipo de compra, você deve ter cuidados na hora de fechar o negócio. Tem muita gente negociando na Internet. Pessoas sérias e responsáveis e pessoas que estão a fim de enganar as outras. Os sites de venda procuram filtrar e qualificar as pessoas que negociam através deles.

Procurar pessoas com inscrições antigas nos sites de vendas e com boas qualificações é a chave para um bom negócio. A maior parte dos relógios que possuo comprei pela Internet. Nunca tive problema com as peças que comprei. Hoje, conheço alguns relojoeiros de boa índole pelas compras que fiz nestes sites de leilões. Temos amizade e trocamos "figurinhas" por e-mail.

Outras fontes para se obter bons produtos são as pequenas relojoarias da sua cidade. Os relojoeiros sempre estão recebendo ofertas de pessoas que têm relógios antigos e que estão querendo se desfazer deles, às vezes por motivos financeiros e em outros casos são herdados de família que não interessa para aquele que herdou.

Após fazer uma compra, você sempre acaba por fazer amizade com o vendedor e o próprio relojoeiro sempre acaba ajudando você a encontrar outras peças e avaliá-la corretamente. Aqui em Belo Horizonte, onde moro, o meu amigo e relojoeiro Wilson Mota sempre procura relógios para mim e me ajuda a avaliar na hora da compra além de revisá-los é claro.

Não é fácil escolher um relógio para comprar. Antes de comprar seu primeiro relógio você deve traçar o perfil da coleção que deseja fazer. Baseado neste perfil você poderá iniciar a compra das peças. Como dito anteriormente, o propósito da coleção deve ser, por exemplo; artístico, histórico, por raridade etc. Também deve ser levado em conta o tamanho do investimento a ser feito. Lembre-se que a coleção é para seu prazer e não para lhe trazer problemas financeiros no futuro.

5.3 Aspectos financeiros

O aspecto financeiro existe em qualquer coleção e depende em parte do atrativo que se deseja obter em cada peça da coleção. Quanto mais atrativas forem às peças mais caras elas serão maior retorno financeiro elas vão lhe dar e este aspecto terá valido a pena em longo prazo.

A raridade das peças e os trabalhos artísticos sobre as peças bem como os materiais de fabricação determinam o valor de uma peça. Quanto mais caro custarem as peças, maior valor terá a sua coleção. Neste caso o ganho financeiro não é o foco da coleção é apenas uma conseqüência do valor das peças adquiridas. Juntar peças de boa qualidade a um preço módico para depois vendê-las por preço maior é o ideal de um colecionador que pensa em ganhar dinheiro com esta atividade ou de formar um lastro financeiro para uma eventualidade.

Como posso transformar uma coleção de valor moderado em uma coleção de valor elevado. A resposta é simples, agregando valor às peças que você adquiriu. A primeira coisa para agregar valor a uma peça é conhecer a origem e a história desta peça. Pesquisar e escrever todo o histórico da peça; definir os aspectos técnicos do movimento (tipo de escapamento, tipo de construção (ebauche), freqüência do movimento, forma de dar corda, forma de acertar as horas, etc), os aspectos artísticos estampados nas caixas e no movimento, os detalhes ponteiros e mostradores, as marcas sobre as caixas e sobre a máquina (trandmarkers), números de série, medidas externas, o modelo, em fim, tudo que se refere a esta peça.

Isto permite você fazer uma apresentação completa de um relógio para um amigo ou para um grupo de pessoas que tenham interesse na sua coleção. Os detalhes fazem a diferença. Ninguém comprará um relógio se não conhecer um pouco sobre ele, afinal como irá apresentá-lo a outrem?

Relógio comemorativo do centenário da Independência (1822 - 1922).

Uma peça que tem origem é como um cachorro que tem pedigree, tem um valor muito maior. Já comprei muitos relógios por preço baixo quando ele valia muito mais. É comum vendedor de relógios venderem relógios raros de ouro 18 pelo valor do ouro.

Em alguns casos, esse relógio vale muito mais do que foi comprado. Isso às vezes acontece com quem não quer perder tempo para levantar o histórico de uma peça. Em resumo, você não perderá dinheiro se você fizer uma coleção de relógios, mesmo que simples, mas bem catalogada.

Alguns amigos me dizem que certas peças são catalogadas e por isso têm mais valor. Afinal o que significa possuir uma peça catalogada?

É simplesmente uma peça que alguém com muito trabalho de pesquisa levantou o seu histórico. Uma peça catalogada não é necessariamente uma peça rara como pensam alguns, é uma peça cuja origem foi registrada. Ela pode ser de valor alto ou baixo e isso vai depender dos outros atrativos que ela possui. Com seriedade e com uma curiosidade prazerosa você poderá gastar um pouco de tempo para levantar os detalhes das suas peças colecionadas e assim catalogá-las. Deste modo, você ira atribuir um importante valor a sua coleção além de prestar um serviço a comunidade relojoeira.

5.4 O valor de um relógio

O valor de relógio depende de vários fatores. Além dos fatores já mencionados anteriormente, o valor de um relógio depende também do local onde ele se encontra. Um relógio que aqui no Brasil teve uma grande demanda pode ser raro na Europa e vice-versa. Algumas tabelas de preço foram levantadas principalmente nos Estados Unidos, Canadá e

Europa. Tais tabelas não servem como referencial para negócios aqui no Brasil. Isto quer dizer que no Brasil você pode comprar um relógio, cujo preço é alto na Europa, por um valor quase simbólico. Ou ao contrário, você pode pagar caro por um relógio de valor baixo no Canadá. Na verdade, não existem parâmetros definidos nem foi feita uma tabela preços para se medir o valor de um relógio aqui no Brasil.

Hoje vendemos e compramos relógios quase sempre pelo valor intrínseco da peça, como por exemplo, se o relógio for de ouro 14K, 18k, prata, níquel etc., do seu peso ou de outros atrativos como jóias encavadas, pinturas, a arte dos mostradores ou ainda pelo ano de fabricação. Criar uma tabela de preços para relógios antigos implicaria em um longo estudo de arte, história, sociologia etc. e em ter especialistas de relojoaria e joalharia para poder avaliar corretamente uma peça. Assim, compramos e vendemos os nossos relógios sem termos a noção exata do que vale e de quanto vale uma peça. Para minimizarmos

Exemplo de um relógio Omega muito conhecido no Brasil.

esses erros vou deixar algumas dicas, abaixo, para facilitar a compra e venda de relógios e a sua avaliação.

5.5 Pelo nome do fabricante

Alguns fabricantes fizeram história ao longo do tempo. Criaram bons relógios e conquistaram o respeito e a admiração da população e dos órgãos fiscalizadores destes tipos de produtos.

Alguns nomes ficaram na mente e no coração do povo. Outros, nem tanto conhecidos também têm seus méritos. É claro que os fabricantes mais conhecidos têm seus relógios mais negociáveis.

5.6 Pelo ano de fabricação

Uma outra maneira de agregarmos valor a um relógio é descobrindo o seu ano de fabricação. Normalmente isso é conseguido pelo número de série gravado no movimento e comparado às tabelas de identificação emitidas pelos fabricantes dos relógios. Nem todos os fabricantes de relógios divulgam tabelas de número de série até mesmo porque alguns fabricantes tiveram períodos de manufaturas relativamente curtos. Empresas que funcionam por muitos anos normalmente possuem essas tabelas.

Quando não existe uma tabela para definição da idade precisa de um relógio, a idade deve ser estimada de outra forma. Por exemplo; a partir da tecnologia de fabricação (pelo tipo de escapamento, ebauche), marcas gravadas na caixa, tampas e movimento ou mesmo pelo tipo da arte gravada sobre a caixa e tampas do relógio se são de um período específico. É um verdadeiro trabalho de pesquisa sociológica. Este é um caso típico dos relógios anônimos. A vantagem é que acabamos descobrindo outros detalhes que de outra forma não iríamos conhecer.

Atenção: No que diz respeito ao valor da peça em função do ano também é relativo. Alguns relógios foram fabricados em grandes números mesmo sendo peças bem antigas. Neste caso a sua raridade vai definir o valor a ser agregado na peça. A grande vantagem que vejo nas peças anônimas é que normalmente elas foram peças exclusivas e creio que não eram construídas em grandes quantidades até porque não se tratava de uma linha de montagem de uma fábrica, mas normalmente de um artista relojoeiro ou ferreiro que trabalhava sozinho.

5.7 Pelos aspectos técnicos dos relógios

Essa é outra forma de definir o valor de um relógio. Os tipos de mecanismos encontrados dividem as épocas em que eles foram desenvolvidos. Uns são mais raros e outros mais populares.

5.8 Tipo de Escapamento

Verge – foram os primeiros a aparecer iniciando no século XVI até início do século XIX.

De alavanca – usado em massa a partir de 1870.

Escapamento cilindro usado até 1900.

Duplex – usado de 1800 até 1905.

Os sistemas de escapamentos são a parte mais complexa do relógio. Dele depende toda sua precisão. Esses sistemas definem a qualidade do relógio e por isso formam as partes mais importantes do relógio as cordas juntamente com a roda de balanço. Esses sistemas foram primorosamente desenhados por seus inventores e por esse motivo alguns receberam o nome do seu inventor. Poderíamos escrever um livro somente sobre sistemas de escapamento, mas isso no momento, fugiria ao objetivo deste livro. Em outra oportunidade abordaremos o assunto com mais detalhes

5.9 Movimentos mais comuns dos relógios a corda.

Verge – apesar de se referir ao seu escapamento o mecanismo destes relógios também eram bastante diferentes.

Colonial Verge

Roskopf – mecanismo de baixo custo. Foi fabricado em massa. Utilizava duas engrenagens no trem de engrenagens. O normal é o uso de três engrenagens no trem de engrenagem.

Roskopf

Fuso ou Caracol – mecanismo que compensava a cadência do relógio em função da pressão da corda.

Fuso ou caracol

Cronógrafo – mecanismo bastante complicado com um trem de engrenagens para marcar minutos, segundos, décimo de segundos etc. Era utilizado para marcar horas com precisão,

Cronógrafo

Utilizado na indústria e em atividades que necessitavam de um controle de tempo preciso.

Repetidor – este mecanismo traduzia as horas em frações de horas através de batidas. Observe na foto o sino em forma de anel em torno do movimento. Isso auxiliava as pessoas com deficiência visual a consultar as horas. Também havia o problema da energia elétrica que não era disponível a todos até a primeira

Repetidor

metade do século XX, nesse caso o relógio repetidor era muito útil durante a noite.

Cada tipo de movimento tem sua época de aparição e naturalmente foram sendo substituídos por tecnologias mais novas à medida que a ciência evoluía.

5.10 Pela conservação das peças

Isto é uma condição lógica. Mesmo um relógio que não seja raro, mas se for relativamente antigo e se estiver em perfeito estado de funcionamento e originalidade, tem seu valor significativamente aumentado. Imagine um relógio com cem anos em estado de novo. Neste caso tratá-se de uma raridade. Daí o seu valor refere-se em grande parte a seu estado de conservação e não da sua data de fabricação, por exemplo.

5.11 Pela raridade com que se encontra um relógio

Imagine você ser de relógio cujo modelo é único no mundo; qual valor seria atribuído a esta peça? Um exemplo mais comum; um fabricante fez uma série de 50 relógios de um modelo específico. Você conseguiu adquirir uma peça. Neste caso, relógios com estas características de exclusividade não possuem um valor agregado pelo seu aspecto externo ou técnico, mas sim por sua raridade. O feliz proprietário de um relógio como este, poderia pedir um valor exorbitante para transferi-la para outra pessoa.

5.12 Pela beleza e nobreza de material de fabricação

Se um relógio é fabricado em metal nobre o próprio metal por se só já tem seu próprio valor. Se este metal é trabalhado com gravuras ou estampado, a beleza dessa arte será avaliada a parte. Alguns relógios foram fabricados para serem usados como jóias e não como relógios. Alguns podem ser trabalhados com pedras preciosas cravejadas em caixas fabricadas em 18K ou prata .950. A beleza, qualidade da arte, os materiais determinaram e agregaram valor a uma peça.

O valor também pode ser definido por outras características intrínsecas aos relógios. Como por exemplo:

5.13 O modo como é dada a corda

A maneira como se dar corda nos relógios mudaram ao longo do tempo. No princípio a corda era dada por peso que mantinham as cordas tencionadas. Isso dificultava bastante o transporte dos relógios pessoais.

Com o advento da corda em lâmina confinada em um tambor, criaram-se várias maneiras para se dar corda nos relógios de bolso. No início foi utilizada uma chave parecida com as chaves dos relógios de parede. Isso aconteceu até 1870 aproximadamente. Depois pela coroa girando-a no sentido de apertar a corda, método utilizado até os dias atuais.

5.14 Pela forma como as horas eram ajustadas

Elgin 1884 em ouro 14K com ajuste de horas por alavanca. Era preciso abrir o aro para puxar a alavanca e girar a coroa para ajustar as horas.

Isto também é outro indicativo da época que o relógio foi fabricado. O método mais conhecido é o de puxar a coroa e proceder com a mudança das horas usada até a presente data. Isso não foi sempre assim.

De 1860 até 1910 era comum ter um botão ao lado da coroa que ao se apertar podia-se girar a coroa para mudar as horas. Nesta mesma época um sistema de alavanca também era utilizado para o acerto das horas.

Da mesma forma que o sistema de botão, puxava-se uma alavanca e procedia-se à mudança das horas através da coroa. Antes desta época, também foi utilizada uma chave para mudar as horas a exemplo da chave para dar corda. A chave era introduzida no centro dos ponteiros e girava o eixo dos ponteiros até o acerto da hora.

5.15 Pelas marcas existentes nas caixas e tampas

Alguns relógios se tornaram famosos ao serem ofertados a autoridades ou esportistas populares ou para comemorar uma data. Outro caso são os selos estampados nos relógios ganhos como prêmio de qualidade e de precisão permitiam ao fabricante de uma série de relógios estamparem selos dos prêmios ganhos por precisão ou qualidade de relógios fabricados e que concorreram a prêmios em tais eventos que determinavam os melhores relógios daquele ano.

Todos os detalhes podem agregar valor ao seu relógio. Cabe a você pesquisar, descobrir e catalogá-lo. A Internet é o caminho mais fácil para se fazer as grandes pesquisas. Livros antigos encontrados em sebos, livros técnicos de fabricantes de relógios, catálogos de relógios etc. Não esqueça dos amigos colecionadores, eles são uma importante fonte de informação e estão do seu lado.

Capítulo 6
Funcionamento do Relógio

6.1 Mecânico a Corda

Vamos agora conhecer um pouco do funcionamento do relógio mecânico. Para fins de melhor entendimento vamos dividir o relógio em cinco componentes:

1. *A mola principal e seu mecanismo de corda* que provêem a força para movimentar o relógio.

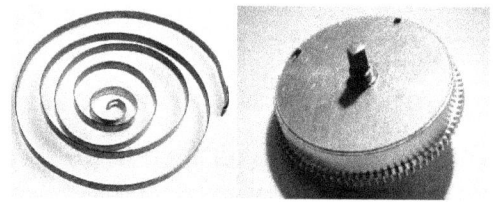

Mola de principal e tambor de mola

2. *Um mecanismo* que consiste em um conjunto de engrenagens, chamado de trem de engrenagem, é suportado por pontes, pivores e mancais que ligado ao mecanismo de corda, pode ser girado, com as mãos, através da coroa para acerto das horas, ou que giram por efeito do sistema de corda e do sistema regulador indicando a hora através de ponteiros e mostrador.

Tem de engrenagens

3. *O escapamento* que consiste em uma roda de fuga que juntamente com outra roda balanceada, chamada de balanço, regulam ou controlam a freqüência do relógio (o tempo).

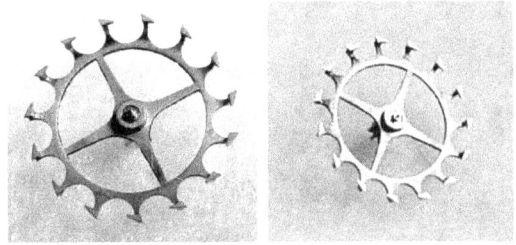
Roda de escapamento

4. *Um dial (mostrador) onde é contado o tempo.* Fixado ao mecanismo do movimento juntamente com os ponteiros indicam as horas, minutos e segundos.

5. *Uma caixa* que incorpora todas as partes do relógio; o movimento, o mostrador, os ponteiros e uma coroa para dar corda ao relógio. Recebe na sua parte central uma placa chamada "platina" que forma a base do relógio e aonde são montadas todas as peças do

movimento, mostradores e ponteiros. Tampas dianteiras e traseiras protegem o movimento e o mostrador.

Podemos resumir o relógio como sendo uma máquina com uma fonte de força própria (a corda) que movimenta um trem de engrenagens para fazer funcionar um sistema de contagem de tempo que marca o tempo através um mostrador graduado e ponteiros indicadores.

6.2 Começando pelo mecanismo da corda.

Mola principal

A corda é o mecanismo que vai prover a fonte de força para fazer o relógio trabalhar. Ela se apresenta de várias maneiras dependendo do fabricante do relógio. O tipo mais comum se compõe de uma fita de aço enrolada no interior de um tambor onde uma ponta é fixada no tambor (parte móvel) e a outra ponta fixada na base do relógio.

A corda é dada por meio de uma coroa que fica externa a caixa do relógio através de pinhão tipo cremalheira que gira uma engrenagem munida de um sistema de trava. O tambor

65

é acoplado a roda de engrenagem munida de trava e é chamada de roda principal do relógio.

O mecanismo de corda se compõe de uma coroa (externa a caixa do relógio) por onde será dada corda no relógio. Ao se girar a coroa manualmente, uma roda pinhão, acoplado na coroa, aciona uma engrenagem auxiliar que irá girar o

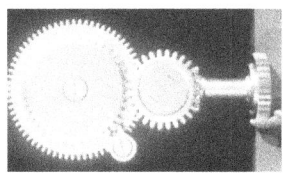

Sistema de corda

tambor da corda através da engrenagem principal. A engrenagem auxiliar, intermediária ao pinhão da coroa, que faz a função de engrenagem redutora. Isso facilitará o processo de dar corda, pois se utilizará um esforço menor para se tencionar a mola da corda.

Ao se girar a coroa, através deste mecanismo, a mola será tencionada até o máximo, quando não será mais possível girar a coroa. Um mecanismo de trava irá reter a tensão da mola travando a engrenagem auxiliar da corda não permitindo que a energia acumulada na mola retorne para a coroa.

Estando a mola tencionada e a coroa isolada pelo mecanismo de trava, a tensão da mola será aplicada ao um sistema de engrenagens (trem de engrenagens) indicador do tempo e ao sistema regulador do tempo do relógio (escapamento, âncora e balanço), que por sua vez, será o responsável por distribuir aos pouco a energia acumulada pela mola enquanto faz a contagem de tempo.

6.3 Trem de engrenagens

Esta é a parte mais simples do relógio mas não menos importante. Tratá-se de um conjunto de engrenagens devidamente calculada para dividir a freqüência regulada pelo conjunto regulador em unidades de tempo que serão traduzidas em horas, minutos e segundos pelo mostrador e ponteiros indicadores.

Trem de engrenagem

Normalmente é composto por três rodas de engrenagens principais denominadas de segunda, terceira e quarta roda. A velocidade de giro destas rodas depende da velocidade da roda de escapamento que por sua vez depende do funcionamento da roda balanceada como vimos no parágrafo anterior.

6.4 Minuteria

Rodas de minuteria.
Horas e minutos

Alguns mecanismos de relógios possuem apenas a segunda e terceira rodas. Entretanto nestes casos pode haver diminuição da precisão do relógio. A roda de número quatro é à roda dos segundos. Esta calibrada para divisão do tempo em segundos. A segunda roda é a das horas e a terceira a dos minutos. Estando a cadência do relógio devidamente regulada o erro de precisão será da ordem de alguns poucos segundos por dia de funcionamento.

Um sistema de dial (mostrador) e ponteiros equipam as respectivas engrenagens. Outros trens de engrenagens podem ser acoplados as engrenagens principais para se obter recursos extraordinários. Botões de comando colocados na caixa e ligados com o movimento dos relógios complementam e comandam as informações adicionais. Os relógios conhecidos como cronógrafos são os mais complexos neste quesito, além de marcar horas, minutos e segundos, podem marcar décimo de segundo, centésimo de segundos, informações de fases da lua ou trazer outras informações consideradas importantes ou simplesmente decorativas.

6.5 Mecanismo Regulador ou Contador do Tempo

Este é o principal mecanismo do relógio. É ele que regula o tempo, mantém a cadência e regularidade do relógio. É o elemento responsável pela precisão do relógio ao marcar o tempo.

1. Regulador

Âncora e roda de escapamento

O mecanismo regulador é composto por duas rodas e um braço articulado chamado âncora. A primeira roda chama-se roda de escape ou simplesmente de escapamento. A segunda roda é a roda balanço; uma roda balanceada (extremamente equilibrada) equipada com uma mola denominada de "mola cabelo" que faz a roda balanceada retornar ao seu ponto de origem após ter sido movimentada pelo braço âncora. O braço âncora tem a finalidade de movimentar a roda balanceada e ao mesmo tempo de regular a velocidade da roda de escape por uma informação de retorno vinda da roda balanceada.

2. Âncora

Âncora pivotada com joias (rubis)

O braço âncora é pivotado e seu movimento é restringido por dois batentes chamados de cilindros. O braço âncora num certo sentido é movimentado pela roda de escape e assim movimenta a roda balanço e no sentido oposto é movimentado pela roda balanceada, por efeito da energia acumulada na mola cabelo.

Este efeito de retorno irá travar momentaneamente a roda de escape. No lado da roda de escape, a âncora é equipada com dois batentes endurecidos que faz contato com a roda de escape. A finalidade principal destes batentes é o de impedir o movimento da roda de escape por um período curto (regulado) em outro momento permitir o seu giro para que o sistema continue a funcionar.

Este ciclo se repete continuamente enquanto o efeito da corda tiver força para movimentar a roda de escapamento.

3. Escapamento

Roda de balanço

O movimento da roda de escape é aplicado à roda balanceada através do braço âncora de forma alternada levando a roda balanceada ora para o lado direito ora para o lado esquerdo. O retorno da roda balanceada ao centro se dá por efeito da mola cabelo que será tencionada quando a roda balanço é tirada da sua posição central.

Neste caso, a roda balanço não gira, apenas se desloca ora à esquerda e ora a direita em a partir de um ponto central. O retorno da roda, ou seja, o tempo que ela leva para fazer este deslocamento do seu ponto médio à direita ou à esquerda, determinará a medição do tempo ou a frequência do relógio. Quanto maior esta frequência melhor será a precisão obtida pelo relógio.

6.6 Platina e caixa do relógio

Platina

A platina ou base do relógio é onde são montadas todas a rodas e as outras partes fixas ou móveis do relógio. A platina tem a sua importância à medida que nela são fixadas as partes moveis, rodas, mancais, pontes, pivôs, mostrador etc. Deve ser fabricada de material de boa qualidade para evitar problemas de empeno, dilatação térmica etc. Depois de todas as peças terem sido montadas sobre a platina, era será fixada na caixa do relógio. A platina já montada com as partes que contém o relógio, menos a caixa, é denominada de movimento do relógio.

Uma parte importante do movimento dos relógios são os seus mancais, locais onde são fixadas as rodas e pivôs auxiliares do movimento. Um relógio de boa qualidade tem seus mancais fabricados com jóias ou pedras preciosas. Normalmente utiliza-se o rubi para esta finalidade. Em casos especiais alguns mancais são fabricados em diamantes para que se consiga grandes durabilidades.

Os arranjos das peças que compõe o movimento, o tamanho, o formato, o acabamento etc. é denominado de calibre. O calibre pode ser considerado como sendo o designer do movimento do relógio. É designado por uma identificação. Todo relógio possui sua identificação de calibre a não ser os de fabricação anônima onde o calibre não recebe denominação.

A caixa do relógio acomoda o movimento que é fixado normalmente por parafusos. Possui tampas protetoras do movimento (fundo) e tampa protetora do mostrador e ponteiros (aro). Algumas caixas possuem várias tampas incluindo informações sobre o relógio ou de prêmios de beleza e/ou precisão ganhos por aquele modelo. As caixas são fabricadas de vários tipos de materiais e são na maioria das vezes, independentes dos movimentos. Um mesmo tipo de movimento pode equipar vários modelos de caixas. As caixas podem ser fabricadas de formatos variados e normalmente são ricamente trabalhadas em detalhes para chamar a atenção de quem deseja comprar o relógio.

Caixa do Relógio

Capítulo 7
Manutenção

7.1 Limpeza de Relógios

Fazer a manutenção dos relógios mecânicos é um grande desafio atualmente. Não existem mais escolas para formar relojoeiros e os novos neste ramo de atividade aprendem com a prática juntamente com os hábitos e mitos ensinados pelos relojoeiros mais antigos. Atualmente bons relojoeiros estão escassos para não dizer em fase de extinção. Nesta parte do livro vou abordar um pouco sobre a manutenção dos relógios mecânicos, sem pretensão de esgotar o assunto ou mesmo de transformar essa abordagem em uma aula de reparos de relógios mecânicos. Vamos apenas dar algumas diretrizes sobre os problemas mais comuns que encontramos nos relógios mecânicos.

O relógio é uma máquina que como qualquer outra necessita de cuidados e de manutenções periódicas. A maioria dos relógios atuais são eletrônicos e pelo fato de terem poucas partes móveis acabam tendo poucos problemas comparados aos relógios mecânicos. Partindo desse princípio o relógio mecânico está mais sujeito a problemas como a perda da precisão ou de avarias devido à manipulação constante que sofrem do seu dia-a-dia.

7.2 Os defeitos mais comuns:

1. falta de limpeza e lubrificação;
2. quebra da coroa de acerto de horas e corda;
3. quebra da corda;
4. quebra do eixo do balanço;
5. problemas no escapamento;
6. ponteiros presos;
7. desalinhamento do trem de engrenagens ou quebra de engrenagem por pancada ou queda.

O movimento de um relógio é como um motor que necessita cuidados e lubrificação. Num relógio, assim como num motor, existem muitas peças móveis que provoca desgastes e folgas. A lubrificação é essencial para que essas peças funcionem por longos anos sem parar. Os mecanismos dos relógios são lubrificados como óleos e graxas de pouca viscosidade. Alguns colecionadores costumam deixar seus relógios totalmente parados por longos períodos. Essa parada prolongada provoca o ressecamento dos lubrificantes e o posterior travamento das partes móveis do relógio. Quando não trava o atrito das partes vai aumentando até que o relógio fica inutilizado em pouco tempo.

Watchwinder para relógios mecânicos

A melhor maneira de manter um relógio em perfeitas condições, consequentemente, é seu uso contínuo. Isto é um grande problema quando o colecionador tem muitos relógios. Uma solução que pode ser adotada é a compra de um "watchwinder", tipo de aparelho, alimentado eletricamente, que manterá o movimento em funcionamento. Para o caso de se ter muitos relógios fica difícil comprar vários equipamentos para mantê-los em funcionamento constante. O preço é relativamente alto, e eu não conheço um produto nacional similar. O *site* Mercado Livre mostra alguns modelos a venda. Se você não puder adquirir o watchwinder dê a corda nos relógios pelo menos uma vez por mês e mesmo assim, esse procedimento não vai garantir a funcionabilidade dos relógios por muito tempo.

Outro grande problema é a forma como se guardam os relógios. Por motivo de segurança, principalmente, costuma-se colocar os relógios em cofres ou escondidos em gavetas ou em ambientes fechados e úmidos. Nestas condições o desenvolvimento de corrosão nas partes metálicas e de fungos nos mostradores é enorme. Um ambiente propício a corrosão pode levar a perda de um relógio em pouco tempo. Já vi relógios totalmente destruídos por corrosão de piting ou intragranular. A solução é manter seus relógios em locais arejados e secos.

Os relógios de bolso não foram feitos para serem utilizados na chuva, ou mais ainda, não são resistentes a imersão em água. Não existem vedadores de água para a maioria dos relógios de bolso. Portanto mantenha longe da água o seu relógio de bolso. Quando você tiver que fazer qualquer regulagem em um relógio de bolso esteja atento ao tipo de mecanismo que esse relógio possui. Existem uma enorme variedade de tipos de movimentos com sistemas de aferição bastante distintos. Alguns relógios possuem coroa apenas para dar a corda, o sistema de acerto das horas é separado. Neste caso puxar a coroa, tentando acertar as horas, pode danificar o movimento do relógio.

A limpeza externa dos relógios é outro problema que tem que ser tratado com cuidado. O uso de produtos abrasivos do tipo limpa metais que pode provocar a perda de materiais, retirando banhos ou mesmo apagando marcas (trandmarker's) ou os desenhos sobre a caixa. Uma outra possibilidade é que os usos desses produtos podem fazer mudar a cor dos banhos ou causar corrosão a médio ou longo prazo. Utilize produtos recomendados de acordo com o tipo da caixa, ouro, prata, níquel, aço inox etc. observando para não danificar os detalhes de pinturas, louças etc. Se o relógio não estiver precisando de limpeza pesada, utilize apenas um pano limpo para remover poeiras e outras sujidades.

Você deve fazer uma manutenção preventiva nos seus relógios pelo menos a cada cinco anos. Essa manutenção implica na desmontagem dos relógios, lavagem das peças e montagem. Nesta ocasião verificações de corrosão devem ser efetuadas nas partes metálicas sujeitas à corrosão. Depois do relógio montado é necessário aferir em um vibrograf. Se você não tiver como fazer essa manutenção contrate um relojoeiro de confiança ou vá diretamente na assistência técnica autorizada se houver. Se não tiver um bom relojoeiro ou assistência no local do seu domicílio, você pode encaminhar o relógio pelos correios via SEDEX, mas não esqueça de pagar o seguro opcional.

A finalidade desse artigo é que você passe a conhecer o seu relógio mais profundamente. Se você tiver um pouco de disposição, você mesmo poderá fazer alguns pequenos serviços em sua casa. Atrasos e adiantamentos no relógio indicam que chegou a hora de se fazer uma limpeza e lubrificação do movimento. Você vai precisar de poucas ferramentas e de um local bem iluminado e arejado para trabalhar. A partir desse ponto vou descrever o que você vai precisar para revisar seus relógios em casa. Mas cuidado, se tiver alguma dúvida não faça, passe essa tarefa para alguém qualificado. Se quiser treinar antes, adquira um relógio descartável e comece com ele. Lembre-se que nesta parte nós vamos apenas comentar a simples manutenção dos relógios, nos restringindo apenas a desmontagem, limpeza e montagem deles. Pesquisa de panes, modificações e outros serviços serão abordados oportunamente.

7.3 Local de trabalho

Encontre um local arejado que tenha uma mesa, de preferência branca, e que você possa trabalhar sem ser incomodado por outros objetos que estejam sobre ela. O local deverá ser bem iluminado, pois você irá trabalhar com peças muito pequenas. O ideal é que essa mesa tenha uma gaveta larga na frente, neste caso você vai retirar todas as coisas da gaveta e forrar o fundo da gaveta com um pano liso e branco (pode usar uma flanela para isso) e mantê-la meio aberta enquanto você trabalha com os relógios. É bom forrar a mesa com um vidro de pelo menos uns 50 centímetros quadrados colocando debaixo do vidro um pano branco, desta forma você vai delimitar sua área de trabalho. Faça também um beiral em torno da mesa se ela não tiver. Para isso use fita adesiva e papelão. Este beiral deve ser aberto na frente para apoio das suas mãos sobre a mesa, mas deve coincidir com a largura da gaveta que vai estar semi-aberta

A finalidade desse beiral é de evitar que as pequenas peças do relógio, como: parafusos, porcas, arruelas, engrenagens etc., caiam da mesa diretamente no chão o que vai lhe trazer enormes desprazeres durante a atividade.

7.4 Ferramentas

As ferramentas para a manutenção simples dos relógios de bolso são relativamente poucas, entretanto devem ser de boa qualidade.

1. Jogo de chaves de fenda - Um jogo de chaves de fenda de relojoeiro é fundamental. Essas chaves devem ser de excelente qualidade caso contrário você irá danificar as partes do relógio e principalmente os parafusos de fixação. Não compre chaves "made in china" para essa atividade, pois você vai acabar

Jogo de chave de fenda de relojoeiro.

estragando relógios mais caros do que custa um bom jogo de chaves de fendas de relojoeiros.

2. Pinça - A pinça é a extensão da mão do relojoeiro. Uma boa pinça é imprescindível para manipular as partes do relógio. Compre uma pinça dura e antimagnética.

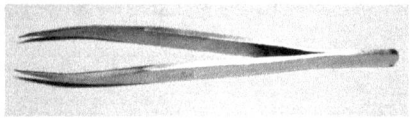

Pinça dura de aço antimagnética

3. Lente – Já observou que todos os relojoeiros utilizam uma lente de aumento. Pois é, peças muito pequenas e trabalho muito meticuloso. Existem vários tipos de lentes; o monóculo e a lente tipo óculos. Neste caso vai muito do gosto de cada um. Eu comprei a lente do tipo óculos, mas nada impede de se utilizar um monóculo. Essas lentes têm cerca de 2 a 5 graus ou de múltiplos graus. A minha, por exemplo, tem uma lente de 2 graus e uma que pode se sobrepor de 4 graus. Acho que uma lente de 4 graus deve bastar para maioria das pessoas.

Lente de aumento com suporte para usar na cabeça

Seja qual a for a lente que você comprar compre produto de qualidade reconhecida pois a vista também é um órgão muito sensível e uma lente de má qualidade pode ocasionar algum efeito colateral como dor de cabeça, dores nos olhos etc.

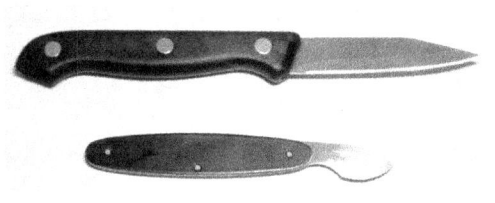

Faca para abri relógios e outros usos

Faca – você vai precisar de uma faca para trabalhos diversos. Um destes trabalhos é o de abrir as tampas dos relógios. Existem facas especiais para isso, mas você pode usar uma de sua preferência. É essencial que ela tenha uma lâmina fina e afiada para poder entrar nas reentrâncias das tampas dos relógios e destravá-las. A lâmina da faca deve ser de aço de boa qualidade para não quebrar durante o uso e a empunhadura deve se adaptar bem as suas mãos isso ajuda a evitar acidentes.

4. Pinça de ponteiros – é uma pinça com formato especial para retirar ponteiros dos relógios. Na verdade, você pode tirá-los com uma chave de fenda, mas a chance de quebrá-los é muito grande. Existem vários tipos de pinça para ponteiros, então você deve escolher uma de boa qualidade e no tamanho adequado aos tipos de relógios que você vai trabalhar.

Pinça de ponteiros.

Com as cinco ferramentas descritas acima você já pode começar a fazer pequenos trabalhos, entretanto outras ferramentas podem ser adicionadas ao conjunto para facilitar os trabalhos de manutenção dos seus relógios:

1   Alicate de bico chato;
3   Limas de relojoeiros (chata, redonda e meia-cana);
1   Martelinho;
1   Benzineira + benzina
1   Porta óleo para 4 tipos de óleos;
1   Óleos para relógios (vários tipos);
1   Pica óleo;
1   Jogo de lixas de polir.
1   Mandril manual

Essa lista de ferramentas complementar é ainda destinada às pequenas manutenções e a limpeza dos relógios e não abrangem consertos complicados ou a "retífica" do movimento dos relógios.

7.5 Abrindo o relógio para efetuar uma limpeza

Relógio Waltham tipo savonete

Os relógios de bolso normalmente têm uma ou duas tampas na parte traseira e na parte dianteira tem o aro que também pode ser recoberto com uma tampa metálica, neste caso o relógio é chamado de savonete (saboneteira) ou relógio de caçador. O movimento fica sanduichado no meio das tampas fixado a uma estrutura em arco, fixado por parafuso, que forma a parte central da caixa. Supondo que seja um relógio de modelo convencional com uma tampa traseira e um aro com vidro recobrindo o mostrador, você deve começar abrindo a tampa traseira. Você deve fazer isso utilizando uma faca de lâmina fina e encaixá-la na ranhura da tampa com a parte central do relógio e forçar a lâmina até escutar um estalo característico de destravamento da tampa. A tampa pode ser do tipo solta ou articulada na estrutura central da caixa, o que é mais comum.

Tome cuidado para não danificar a caixa do relógio com a faca e ao abri-lo. Depois de abri-lo, tome muito cuidado com o manuseio do movimento. Os relógios de bolso são muito delicados e você pode danificá-lo facilmente ao tocar com os dedos principalmente do sistema de balanço. Use o mesmo procedimento para tirar o aro que sairá juntamente com o vidro do relógio. Após ter tirado a tampa e o aro, o movimento ficará preso na estrutura central da caixa. Antes de iniciar a desmontagem do movimento é necessário descarregar a corda do relógio. Coloque o relógio sobre um porta movimento e segure a coroa com a mão direita e com uma pinça afaste o clique ou trava da catraca de corda soltando-se vagarosamente até que seja descarregada. Retire coroa juntamente com sua haste (tije) afrouxando o parafuso especial existente no movimento e retirando a coroa juntamente com sua haste. Usando uma pinça de ponteiros, retire os ponteiros do relógio e guarde-os adequadamente. Se não tiver uma pinça de ponteiros você poderá retirá-los usando uma chave de fenda como alavanca forçando por baixo do ponteiro até que ele saia. Agora é só procurar os parafusos que prendem o movimento a caixa para soltá-lo. Normalmente são dois parafusos de fixação. O movimento normalmente sairá pela parte dianteira da caixa, ou seja, pelo aro. Antes de prosseguir coloque o movimento em um suporte apropriado para movimentos.

7.6 Desmontando o relógio

Inicialmente vamos retirar o mostrador. O mostrador é fixado por dois ou três parafusos de fixação. Esses parafusos são muito pequenos e seu acesso é pela parte lateral do movimento. Afrouxe cada um deles sem retirá-lo do lugar. O mostrador sairá facilmente. Não force o mostrador, pois poderá danificá-lo. Normalmente o mostrador é fabricado em metal recoberto com louça que pode quebrar facilmente caso seja forçada. Se ele não sair facilmente provavelmente algum parafuso ainda está prendendo-o. Reveja o aperto dos parafusos de fixação até conseguir soltar com facilidade o mostrador.

Agora o movimento está limpo. Ao tirar o mostrador algumas peças na parte dianteira do movimento por baixo do mostrador poderão cair, portanto retire-as antes que caiam. Uma é à roda de minutos, a chaussé, e a outra é o pinhão de transmissão da coroa. Feito isso vire o movimento para continuar a desmontagem dele.

O relógio deve ser desmontado de trás para frente no sentido balanço -> corda. Portanto a primeira peça a ser retirada é o balanço. Está claro que a montagem obedece ao sentido contrário, começa pelo sistema de corda até chegar no balanço. A roda de balanço deve ser retirada com muito cuidado. Primeiro retiramos o parafuso que prende a ponte do balanço, depois com a pinça levantamos a ponte com cuidado, pois este é um sistema muito delicado. O balanço sairá preso a mola cabelo ou espiral juntamente com a ponte e seus componentes. Em princípio não haverá necessidade de desmontar o sistema de balanço que é composto por: roda de balanço ou volante, mola cabelo ou espiral, mancal do balanço (rubi), placa do rubi do eixo do balanço, registro ou raquette, sistema antichoque e micro regulador quando houver e a ponte. Coloque o balanço completo na benzineira.

O próximo passo é a retirada da âncora. Afrouxe o parafuso da ponte da âncora e retire-o. Com a pinça retire a ponte do seu alojamento. Não há necessidade de desmontar os mancais de rubis da ponte. Retire com muito cuidado a âncora com a pinça e coloque tudo na benzineira. Antes de prosseguir faça o seguinte. Introduza o pinhão da coroa no seu devido lugar e depois coloque a coroa com a tije no seu alojamento. Não há necessidade de travá-la. Gire a coroa dando a corda no movimento e observe que toda minuteria (as rodas do relógio) irá rodar suavemente. Isso indicará que todas as rodas do movimento até a âncora estão funcionando corretamente. Antes de continuar a desmontagem, analise o movimento das rodas da minuteria para ver há alguma anomalia. Se tudo estiver funcionando perfeitamente faça uma inspeção para ver se não há algum tipo de avaria ou sujeira excessiva, se não houver proceda à lubrificação dos mancais utilizando óleo apropriado e monte novamente o sistema de âncora e balanço e regule o movimento antes de reinstalar em sua caixa.

Caso a minuteria esteja comprometida por sujeira ou prendendo você deve continuar a desmontagem desparafusando a platina que prende a minuteria. Ao retirá-la todas as rodas deverão se soltar. Retire também a roda canon e o pinhão do eixo da chaussé. Coloque todas as rodas na benzineira. Retire agora a platina superior (ponte das rodas rochettes) da corda juntamente com a roda de carga do tambor e a roda de carga da coroa e o clique. Não desmonte o tambor de corda, pois é um trabalho mais complicado para um iniciante. Coloque tudo na benzineira e deixe pelo menos duas horas para que a sujeira seja removida. Com uma escova própria para limpeza de relógios escovam-se todas as peças e coloque-as sobre um pano limpo para secar. Observe se a mola cabelo está limpa e a sua espiral com as espiras separadas.

7.7 Identificação e restauração dos relógios de corda

Outro problema que afeta a autenticidade dos relógios são as restaurações sofridas por eles durante os reparos que receberam ao longo do tempo. Em cada ocasião que um relógio sofre um reparo, componentes são substituídos por outros componentes de data e tecnologia diferentes do original e isso acaba dificultando muitas vezes a identificação exata da tecnologia original aplicada e em muitos casos desvaloriza o relógio. A restauração de relógios é talvez a parte mais interessante para o colecionador. Restaurar uma peça antiga é um grande desafio mais também um grande prazer. É como se você estivesse reescrevendo a história. É um trabalho que requer paciência e um certo grau de habilidade com as mãos. Entretanto, você pode optar por contratar certos serviços especializados e fazer a montagem final das partes recuperadas ou mesmo passar essa tarefa a um relojoeiro de confiança.

7.8 Como iniciar a restauração de um relógio?

Primeiramente levando dados históricos sobre o relógio a ser restaurado como, por exemplo: fabricante, ano de fabricação, tipo de caixa, tipo de movimento, tipo de mostrador e ponteiro e tudo, mas que se possa saber a respeito da peça a ser restaurada. Atualmente este trabalho de pesquisa é muito facilitado se você tiver um acesso a Internet. Vamos criar um roteiro para sabermos exatamente qual caminho seguir.

1. Identificar o fabricante - quem fabricou o relógio. Esse fabricante foi popular em que época. Se possível conhecer um pouco da história do fabricante; em qual ano ele iniciou as suas atividades, se a fábrica existe até os dias atuais; se existe como entrar em contato com a fábrica; verificar se a fábrica tem site na Internet etc. Traçar o perfil do fabricante é muito útil quando não se têm todos os dados a respeito da peça a ser restaurada. Uma busca nos livros e enciclopédias antigas também pode ser útil para determinar datas e eventos isolados.

2. Identificar a idade da peça - isso é muito importante para situarmos a peça em seu contexto histórico. Cada época tem suas características peculiares. Tendências sobre os metais de fabricação das caixas se, por exemplo, é de ferro, níquel, bronze, prata ou de ouro, modelos de ponteiros, pinturas, tipos de numerais do mostrador podem nos dizer muito sobre um relógio.

3. Identificar o tipo de mecanismo ou movimento do relógio - Um tipo de escapamento, por exemplo, pode ter sido muito popular em uma certa época e em outras não. O mesmo acontece com o ebauche do relógio. As platinas em ponte, tipo de corda (com chave, na coroa) número de rodas de engrenagens, tudo isso tem muito a dizer sobre o relógio a ser restaurado.

4. A caixa - essa é a parte que fica mais visível no relógio e provavelmente a que traz mais informações a respeito dele. Algumas caixas foram exclusivas, feitas para um nobre de alguma corte ou para uma pessoa importante como um Papa, Rei ou Presidente de algum país. Em algumas caixas vêm gravado o brasão de alguma família importante em uma certa época. Foram relógios exclusivos que podem ter grande valor histórico. A parte mais importante da caixa são os chamados "trandmarkers" ou seja, as marcas existentes sobre elas. Essas marcas têm muito a dizer sobre a história do relógio, como por exemplo: data de fabricação, tipo de material da caixa, local de fabricação, número de série da peça e mais uma infinidade de informações a respeito do relógio. Em cada época, houve caixas típicas para seus relógios. Caixas de relógios são como a moda das roupas atualmente, em cada época elas mudam e se tornam marcantes.

Traçado o perfil do relógio devemos avaliar o que vamos ter que fazer para restaurá-lo. A essa altura o restaurador já deve ter uma ideia do que precisará fazer para colocar a peça o mais original possível. Nenhuma atitude deve ser tomada antes de se ter um perfil completo do relógio para não comprometer a restauração. Também nada deve ser mexido antes de se ter certeza de que temos os meios para fazer a restauração. Muitas vezes não conseguimos encontrar material disponível para fazer a restauração e nesse caso não vale a pena danificar o que já temos.

7.9 Restauração x Mutação

Lembre-se que estamos falando de fazer uma restauração. Muitos colecionadores fazer mutações em seus relógios e dizem que se trata de restauração. Restaurar significa retornar ao original. Uma mutação pode deixar uma peça muito bonita, entretanto nela não haverá valor histórico. No Brasil existem muitas empresas que fazem mutação e chamam de restauração. Restaurar é pega o original e levá-lo a melhor condição possível sem perder a sua originalidade. A substituição de um mostrador original por um mostrador idêntico industrializado para esse fim, não é uma restauração é uma mutação onde a peça original foi mudada por uma peça nova com a mesma aparência da antiga. Esse procedimento, apesar de ficar muito bonito, não restaura a peça apenas a descaracteriza. Uma peça original com certas marcas do tempo vale muito mais do que uma peça onde se fez uma substituição por uma parte recentemente fabricada.

Uma substituição de uma peça antiga por outra similar e original da mesma época e modelo é aceitável, desde que não venha descaracterizar a peça original. Ou seja, as marcas e números de série da peça que recebeu a peça substituta devem ser preservados. Uma engrenagem, um escapamento, um balanço de um relógio da mesma época e marca podem servir muito bem para restaurar um relógio similar. Entretanto, uma substituição de uma caixa já pode descaracterizar totalmente a peça que estamos tentando restaurar. A originalidade é o que se deve preservar.

7.10 Levando a peça a condição de origem

O restaurador nem sempre tem condição técnica ou tecnologia para fazer o restauro de um relógio. Vamos ver agora um exemplo hipotético para um problema que vivenciei em com um relógio que possuo. O mostrador deste relógio, cujo banho de prata perdeu-se com o tempo, pode ser restaurado em uma empresa especializada. A recolocação do banho de prata no mostrador de um relógio não vai mudar a sua originalidade, apenas retorná-lo a condição inicial de novo. Essa também é uma decisão discutível, pois alguns colecionadores preferem um relógio que tragam as marcas do tempo. Eu particularmente penso que uma peça antiga com uma aparência de nova fica mais bonita e não perde a sua originalidade. O mesmo acontece com a limpeza das peças. Muitos colecionadores preferem as peças com a sujeira adquirida durante os muitos anos da sua existência. Eu já prefiro a peça limpa, do jeito como ela saiu do fabricante. São posições controversas. Uma peça limpa chama a atenção por seus detalhes, pela sua beleza e que pode ser apreciada em toda sua plenitude. Já uma peça cuja sujeira cobriu a textura original não vai dar ao apreciador a correta identidade da peça exibida. Vamos tomar como exemplo uma peça fabricada em bronze que com o tempo tende a perder a sua cor amarela brilhante e dar lugar a uma cor marrom esverdeada na maior parte dos casos. Eu vejo isso como uma interferência do tempo na natureza do metal que descaracteriza a peça tirando-lhe o aspecto original. Algumas pessoas argumentam que esse aspecto imposto pelo tempo pode nos dizer muito sobre o local e as condições que essa peça permaneceu para chegar até os dias atuais. Isso realmente pode ser verdade, mas para mim o que importa é a plenitude da peça na sua origem, mostrando como ela era quando foi fabricada e como ela está hoje depois de muitos anos de existência. Fica aí a questão para ser decidida pelo colecionador.

7.11 Recuperando Partes Faltantes

Restaurar na sua essência é voltar com uma peça ao seu estado de origem. Em alguns casos é impossível fazer a restauração de uma peça porque não existe mais a peça completa. Vamos imaginar, por exemplo, a caixa de madeira um relógio que o cupim destruiu. O que podemos fazer para restaurar? Primeiramente fazer uma pesquisa sobre o relógio para levantarmos os dados necessários a restauração. Fotografias, pedaços da madeira original ou catálogos do fabricante são de grande ajuda nestes casos. Fotografias vão nos ajudar a reconstituir os detalhes da caixa. Partes da madeira vão nos ajudar a identificar o tipo de madeira utilizado, verniz, cera etc. De posse de todos os dados, um marceneiro especializado pode iniciar a fabricação de uma nova caixa e refazer todos os detalhes da caixa original. Não devemos na restauração mudar a cor, o material ou a forma. Se isso acontecer vai descaracterizar a peça e novamente não será uma restauração e sim uma mutação.

Em resumo restaurar um relógio é reviver a glória dos primórdios. É recuperar a beleza e encontrar a satisfação de ter contribuído para preservar o que o tempo foi aos poucos destruindo. Trata-se de um trabalho gratificante e educativo onde o restaurador tem que pesquisar, levantar dados, refazer o que já foi feito e contar a história novamente. No seguimento seguinte vamos mostrar com exemplo a identificação de um relógio para a restauração. Usaremos para isso três relógios. Dois bastante antigos, um de um fabricante conhecido e o outro é de um fabricante desconhecido, o terceiro semelhante ao primeiro do mesmo fabricante, mas de uma geração mais nova. Vamos inicialmente identificar o relógio mais antigo de fabricação americana Waltham Mass em seguida um outro Waltham Mass mais novo e finalmente um terceiro relógio de um fabricante desconhecido.

Capítulo 8
Identificação de Relógios

8.1 Relógio Waltham Mass

Waltham Mass

Primeiramente vamos buscar informações pelo nome do fabricante. Isso facilita imensamente a identificação plena de um relógio. Alguns fabricantes, apesar de conhecidos, pouco deixaram sobre a sua história. Outros, entretanto, existe uma vasta literatura disponível o que vai nos ajudar a identificar com precisão o relógio pesquisado. Este é o caso dos relógios americanos fabricados por Waltham. Observe na figura que no mostrador não consta o nome do fabricante, mas na parte interna encontramos uma vasta identificação desse genuíno Waltham Mass.

8.2 Como se deve identificar um relógio

Antes de abrir o relógio vamos responder as seguintes questões:

1. De que material é fabricada a caixa do relógio?

2. Qual é o modelo da caixa?

3. Tem alguma gravura gravada em relevo na caixa?

4. Qual o tipo do aro e do vidro do relógio?

5. Qual é o modelo dos ponteiros?

6. Quantos ponteiros têm?

7. Qual é o material do mostrador?

8. Qual o tipo dos numerais no mostrador?

9. Consta nome do fabricante ou logomarca no mostrador?

10. Tem alguma marca ou mensagem no mostrador

11. Como é dada a corda no relógio?

12. Como é ajustadas as horas?

13. Qual é o tipo de pega da corrente?

14. Tipo de corrente se tiver?

15. Outras características não relacionadas acima;

Ao Abrir:

16. Quantas tampas a caixa possui?

17. Qual o tipo de presilha das tampas? Encaixe, rosca, baioneta etc.

18. Têm marcas na caixa? Letras, números, desenhos etc.

19. Têm selos de qualidade estampados nas tampas internas?

20. Qual é o material do movimento?

21. Qual é o número de série do movimento?

22. Existem desenhos e assinaturas no movimento?

23. Qual é o tipo de movimento? Barras, platinas, full plate etc.

24. Qual é o tipo de escapamento?

25. Qual é o tipo da roda de balanço?

26. Quantas rodas tem na minuteria?

27. De que modo é fixado o movimento?

28. O movimento possui caixa independente?

29. Qual o tipo da corda principal?

30. Outras características do movimento não relacionadas acima.

Vamos iniciar pelas informações que conseguimos a respeito do fabricante e em seguida responder o nosso roteiro técnico.

Pela descrição do histórico, algumas conclusões já podem ser tiradas antes de iniciarmos a classificação do nosso relógio. A primeira é que ele não pode ser anterior a 1850, pois a Waltham Co. foi fundada neste ano. Podemos ainda classificar os relógios que se enquadram neste contexto inicial da história da Waltham, devido às mudanças ocorridas na companhia Waltham no início da sua carreia. Agora que nós já conhecemos um pouco da história da indústria de relógios americanos Waltham vamos prosseguir na identificação do nosso relógio Waltham baseado na lista de características que propomos anteriormente. Começaremos inicialmente pelo que vemos externamente no relógio.

1. Caixa fabricada em prata com 48mm de diâmetro e 17mm de espessura em bom estado de conservação, entretanto a tampa do guarda pó está com a dobradiça quebrada.

2. O modelo da caixa é do tipo convencional, ou seja, com a face aberta com vidro transparente expondo o mostrador.

3. A caixa tem acabamento guilhochê com um brasão ao centro desenhado com buril.

4. Vidro de cristal mineral.

5. Ponteiros do tipo espada.

6. Três ponteiros: hora, minuto e segundo.

7. Mostrador em louça, branco com numeral preto, sem fios de cabelos ou quebras.

8. Algarismos romanos para horas e minutos e arábicos para o segundeiro.

9. Sem nome do fabricante ou logomarca no mostrador.

10. Não há selos gravados no mostrador.

11. Não há mensagens gravadas no mostrador.

12. Corda dada com chave externa.

13. Hora ajustada por chave externa.

14. Argola de pega da corrente é também fabricada em prata e está fixada com parafuso que a prende a um suporte também de prata. A argola esta danificada na sua parte superior. Impresso na argola de pega tem o símbolo do leão (significa que a argola é de prata); na base onde à argola é presa tem a letra B, nome do fabricante - Benson e do outro lado o desenho do leão, que significa que o suporte também é em prata, e a letra G (ano de 1881) aparece ao lado do leão.

15. Não tem corrente.

16. A tampa guarda pó está com a dobradiça quebrada.

Ao Abrir:

17. Duas tampas; uma interna (guarda pó) uma externa.

18. Tampas de encaixe articuladas com dobradiças.

19. Nas duas tampas encontramos as seguintes inscrições: número: *32942, e na tampa do fundo e no guarda pó tem os seguintes símbolos (trandmarkers): um leão, a letra G e as letras AB.

Leão – significa que a caixa é em prata;

Letra G – define o ano de 1881 como sendo o ano de fabricação;

Letras AB – são as iniciais do fabricante da caixa, Alfred Benson - Dennison Watch Case Co. Ltd.

 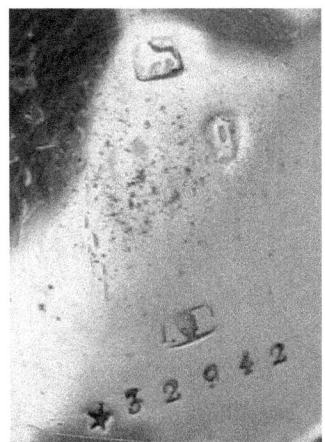

20. Não há selo de qualidade estampado na tampa interna;

21. No movimento fabricado em bronze encontramos as inscrições: Waltham Mass (nome do fabricante) e Pat. Pinion (pinhão patenteado) e número de série 1.804.434 do relógio.

22. Número de série do movimento 1.804.434 - ano de 1882, assinado Amn W. Co. Consta dos seguintes dados:

Fonte: http://www.waltham.ch/cgi/waltham/search.asp#

23. Desenhos no movimento; o suporte do balanço é decorado.

24. Tipo de movimento – full plat

25. Tipo de escapamento – de âncora;

26. Roda de balanço sem compensação monometálica.

27. Coroa de regulagem de hora e corda; não tem.

28. Número de rodas – não identificado.

29. Movimento fixado a caixa por pino de encaixe e parafuso.

Após a identificação concluímos que o nosso relógio necessita de alguns reparos:

1. Colocar a dobradiça da tampa guarda pó. Isso é trabalho para um ourives.
2. Troca da argola de pega da corrente. A atual está amassada.

Como você pode observar o nosso relógio encontra-se em bom estado de conservação e de funcionamento. Para uma análise mais apurada proceda com o exame interno do movimento. Esse exame deve ser feito por um profissional qualificado e vai exigir perícia e experiência no assunto.

No geral, se o relógio encontra-se funcionando um exame externo pode definir o valor do relógio. Lembre-se todos os detalhes são importantes, mesmo aqueles que não parecem ser em primeira vista. Por outro lado, existem muitas adaptações de movimentos em caixas de outros relógios.

Nesse caso é importante verificar se a caixa tem as características similares ao movimento. Como por exemplo: se o ano de fabricação da caixa bate com o ano de fabricação do movimento, veja o exemplo acima.

É claro que nem sempre é possível detectar uma adaptação, principalmente quando movimento e caixa pertencem ao mesmo fabricante e são de anos próximos. De qualquer forma esses casos são raros e a maioria dos relojoeiros não fazem pesquisa sobre os relógios que reparam e isso acontece por motivos óbvios; muitos relógios passam por suas mãos todos os dias e obviamente eles têm pouco tempo para pesquisar cada um deles o que torna a pesquisa inviável para eles.

Assim encontramos coisas bizarras sendo oferecidas por aí apesar de em muitos casos existirem adaptações muito bem feitas e até mesmo muito bonitas. Existem casos em que não é possível consertar o relógio e remontá-lo com suas peças originais, nesse caso é compreensível que se use peças novas ou com tecnologia diferente, caso contrário o relógio não funciona nunca mais.

Isso é muito praticado com relógios antigos, é válido, mas o valor da peça vai decrescer na medida das mudanças efetuadas. Tenha muito cuidado ao comprar relógios antigos porque a grande maioria deles sofreram essas mudanças nos seus movimentos ou mesmo na sua aparência.

Capítulo 9
Marcas consagradas no Brasil

9.1 Algumas marcas mais comuns

Quando falamos em relojoaria pensamos logo na Suíça. Como já foi dito anteriormente, a Suíça conquistou grande credibilidade e alguns fabricantes de relógios mecânicos a corda se tornaram conhecidos no mundo todo. No Brasil algumas marcas se consagraram como as marcas Omega, Longuines, Tissot, Patek Philip e os famosos, admirados e desejados Rolex. É claro que houve muitas outras marcas de relógios Suíço que fizeram história pelo mundo todo, inclusive no Brasil. Mesmo no Brasil, existem até os dias atuais marcas de relógios de origem Suíça muito populares. Neste capítulo vamos falar um pouco sobre a origem dessas marcas e conhecer alguns relógios fabricados por elas dando ênfase aos fabricantes de relógios de bolso. Nos relatos que se seguem pode ter sido omitidos fatos importantes sobre as relojoarias citadas ou mesmo datas ou eventos podem estar incorretos. De qualquer forma você conhecerá um pouco da história de cada uma delas.

9.2 Relógios Omega

Esta talvez seja a marca de relógio Suíço mais conhecida no Brasil. A Omega é uma relojoaria de tradição e tem uma bela história no mundo dos relógios. A Omega foi fundada em La Chaux-de-Fonds, Suíça, em 1848. Possui como marca a letra Omega (Ω) última letra do alfabeto Grego, representa a perfeição e o êxito no cumprimento da sua missão, qualidades que são atribuídas a Omega desde que a companhia foi fundada.

9.3 Relógios Longines

Fundada em 14 de agosto de 1832, Auguste Agassiz se instala em Saint-Imier para juntamente com o relojoeiro Henri Raiguel e mais um terceiro associado Florian Morel o comercio de rolojoaria e fabricação de relógios. Desde o princípio, Augusto Agassiz corre a Europa com seus produtos e os vende em feiras importantes. Por problemas de saúde, Augusto Agassiz transfere para sua parte para seu sobrinho Ernest Francillon que se torna o novo proprietário da antiga casa de Auguste Agassiz em 1 de julho de 1862.

Com a criação do calibre Lépine extrafino L.11.87, aparece, em 1903, os primeiros relógios mecânicos tipo colares para mulheres. Depois, anos mais tarde, Longines será o pioneiro no mundo da relojoaria a criar o primeiro relógio de pulseira fabricado mecanicamente, era o ano de 1905.

9.4 Relógios Rolex

Criada em 1905 em Genebra na Suíça por Hans Wilsdorf. Em 1962, André Heiniger chamado de "O grande Capitão" assume a direção da Rolex. Cria a fundação Hans-Wilsdorf, dirigida por 7 notáveis ginebrianos que tem 100% do capital da Rolex. Em 1970 a Rolex alcança a marca de 100 mil relógios fabricados por ano. Em 1970 a Rolex alcança grande destaque graças ao novo sistema de relógios eletrônicos (tecnologia mal dominada na época, cujos defeitos nos relógios de produção podiam alcançar 40%). No princípio de 1980 os relógios a corda voltam à moda e 650 mil exemplares são vendidos a cada ano. Em 1992 Patrick Heiniger, jurista de 45 anos, sucede a seu pai e se encarrega da empresa. Os relógios Rolex são peças muito copiadas em todo mundo.

9.5 Relógios Ernest Borel

A companhia industrial de relógios Ernest Borel foi fundada em 1856 por Jules Borel (1832-1898) e seu cunhado Paul Courvoisier (-1894) como Borel & Companhia de Courvoisier, em Neuchâtel. O nome de companhia foi mudado depois da morte de Courvoisier em 1894 para Borel-Courvosier. Depois da morte de Jules Borel em 1898 o filho dele Ernest Borel (1869-1951) teve sucesso como novo dono e gerente da companhia, e mudou o nome a Ernest Borel & Cie em 1899.

Durante alguns anos o nome Ernest Borel & Fils também era usado como o nome de companhia.

Não levou muito tempo para esta pequena companhia suíça para fazer um nome para si mesmo; 10 anos para ser exato (como o suíço). Em 1866 Ernest Borel ganhou em Neuchatel, prestigiosa competição do observatório de precisão na marcação do tempo para relógios à corda e repetiu aquela aclamação em 1870, 1875, 1876 e 1890. Antes de 1946 a Ernest Borel era o segundo maior produtor do mundo de cronômetros certificados.

9.6 Relógios Catorex

Relógios CATOREX, provavelmente o melhor relógio de bolso com corrente do mundo. Desde 1960, CATOREX se especializou em relógios mecânicos, de bolso e com corrente. durante os anos 70 se desenvolveram novos produtos; pouco a pouco se produziu à entrada à era do quartzo.

Através de várias apresentações, CATOREX captou lhe atendimento tanto de profissionais como do público em general: o relógio com corrente menor do mundo, de 18 quilates; um relógio de bolso com alarme integrado... O saudável estado que apresentavam estes primeiros relógios nos adianta o pulso criativo inesgotável dos relógios CATOREX.

9.7 Relógios Cartier

Em 1847 aos 28 anos, Louis-François Cartier continua na Casa Picard como empregado, o ateliê de joalheria situado em 31 rue Montorgueil, em Paris, antes de abrir sua própria loja para clientes privados, em 1853, em 9 rue Neuve-dês-Petits-Champs entre a Bourse e o Palais Royal.

Em 1859 Cartier se instala em 9 boulevard dês Italiens; a imperatriz Eugénie será sua cliente. Em 1874, Alfred Cartier (1841-1925), depois de seu pai, ficou a direção da loja do boulevard dês Italiens; e depois seu filho Louis-Joseph (1875-1942), dirigira a empresa a partir de 1898. Será este último quem, depois de seu avô Louis-François, dará o segundo impulso decisivo à empresa.

Em 1899, decide transladar a joalheria para a rua da Paix, no sanctasanctórum do luxo parisino. Reúne assim, na rua mais elegante do mundo, ao perfumista Guerlain e às costureiras Fréderic Worth e Jacques Doucet. Em 1902 abre a Cartier Londres em 4 New Burlington Street. Em 1904 recebe o primeiro diploma concedido pelo rei Edouard VII; Cartier se converte em distribuidor oficial do rei de Inglaterra.

Louis Cartier cria para seu amigo o aviador Alberto Santos-Dumont o primeiro relógio de pulseira de couro.

9.8 Relógios Baume & Mercier

Em 1542, os donos de Baume se estabelecem no Jura suíço depois de ter adquirido uma propriedade nas Franches Montagnes. Durante o século XVI, a arte relojoeira se desenvolvia neste lugar.

Em 1830, herdeiros de uma longa tradição relojoeira, Louis-Victor e Pierre-Joseph-Célestin Baume fundam a Casa de relojoaria Baume Frères no povo de Bois, cerca da Chaux-de-Fonds. Introduzem no Jura suíço o escape de cilindro e rapidamente se inclinam pelo de áncora, adaptado hoje por todas as marcas da alta relojoaria.

Em 1851, Pierre-Joseph-Célestin Baume acredite em Londres a sociedade Baume Brothers que desenvolve com sucesso o mercado inglês, escocês e irlandês e pouco depois os de Austrália e Nova Zelândia. As relações comerciais se estendem rapidamente em todas as colônias inglesas e em outros mercados de Extremo oriente. No final do século XIX, a internacionalmente conhecida marca de relógios Baume é galardoada com numerosas distinções. É a época das exposições universais: entre

Londres, Paris, Viena, Filadélfia, Amsterdam, Amberes, Chicago obtêm 6 medalhas de ouro.

Comprada por Cartier em 1988, Baume & Mercier encontrou uma nova dinâmica de expansão nuns dos grandes grupos internacionais de produtos de luxo, Vendôme Luxury Group, criado em 1993. Depois do famoso Riviera, Baume & Mercier seguiu lançando modelos e linhas importantes da arte relojoeiro, como os famosos relógios Linha (1987), Hampton (1994) e Catwalk (1997) e, o mais inovador Capeland, dignos herdeiros de um saber-fazer de tradição e emblemas de um estilo decididamente contemporâneo.

9.9 Relógios Oris

Em 1904, no início do século, Paul Cattin e Georges Christian fundam a fábrica de relógios ORIS, em Hölstein, Suíça. Em 1938 começa a produzir o lendário relógio com manecilla calendário, uma meta na história de ORIS. Desde este momento, o relógio com manecilla calendário se incluiu sempre nas coleções ORIS.

ORIS é já considerado um nome de relevância em despertadores. Pela primeira vez, a companhia apresenta um despertador que precisa ser dado corda uma vez cada oito dias. Inclusive hoje, estes relógios ainda se utilizam.

Em 2001, com o Big Crown TT1, ORIS adiciona dinamismo ao funcionamento de seus relógios. Uma junta superior de borracha negra em aço inoxidável se combina com uma correia que semelha o desenho de impressões verticais dos pneumáticos de Fórmula 1.

9.10 Relógios Aero-Watch

AÉROWATCH SA, fundado e 1910 em Neuchâtel, centro da indústria relojoeira suíça, é líder na fabricação de relógios colgantes e de bolso. A companhia sempre se centrou nesta especialidade ao longo dos anos. Os modelos se inspiram em originais antigos, oferecendo uma bonita mistura de tradição e avançada tecnologia.

Um importante colecionador do século XIX declarou uma vez que o mundo dos relógios era um lugar rico e fascinante, "com uma surpresa por trás de cada esquina".

Isto mudou pouco: enquanto as companhias relojoeiras entram no século XXI oferecendo todo tipo de artigos disparatados e assombrosos, uma pequena companhia continua produzindo uma ampla gama de relógios de bolso, muitos deles réplicas de relógios do século passado.

Os relógios de bolso Aero-Watch estão acompanhados de um completo programa de apoio que inclui catálogos para empresas, estojos Europeus de grande qualidade, materiais publicitários para empresas, uma linha telefônica para realizar os pedidos e expositores de luxo que realçam a beleza dos objetos expostos.

9.11 Relógios Zenith

Desde 1865, ZENITH respeita a filosofia de empresa do seu fundador, Georges Favre Jacot. Em 1843 nasce Georges Favre-Jacot, com a idade de 22 anos funda sua empresa. E um dos primeiros a entender a importância do intercâmbio de peças para racionalizar a produção e melhorar a precisão e a confiabilidade dos relógios mecânicos. Contém o saber-fazer que compõe a relojoaria. Assim nasceu uma das primeiras e verdadeiras fabricas suíças. Graças a suas numerosas inovações a ZENITH sempre contribui com o desenvolvimento da alta relojoaria suíça.

9.12 IWC

Um fato interessante que talvez você não saiba e que a International Watch Company (IWC) é possivelmente a única grande companhia de relógios suíço cujo fundador foi um americano. Durante os anos de 1860, três fabricantes dominaram a indústria americana de relógios: Elgin, Howard e Waltham. Combinadas, estas firmas produziram mais de 100.000 relógios do bolso. Os tempos estavam mudando na indústria enquanto os relógios do bolso deixaram de ser um símbolo do status que somente os indivíduos os mais ricos poderiam comprar. O relógio passaria a ser um artigo diário disponível à classe média. Para isso, os métodos de produção tiveram que ser melhorados; por exemplo, a maioria das peças para relógios eram feitas ainda manualmente. Os custos também eram elevados porque o número de fabricantes disponíveis e qualificados era relativamente pequeno.

Em 1944, IWC passou por um grande susto quando os aliados bombardearam equivocadamente Schaffhausen. Porque a sorte, a fábrica escapou ilesa da destruição. No auge da guerra, a IWC teve seu nome bem conhecido e a companhia ganhou espaço internacional. As exportações para os Estados Unidos aumentaram e os relógios da IWC tornaram-se o melhor relógio para os especialistas, com a marca XI e Ingenieur - o primeiro relógio IWC automático com uma caixa interna do ferro maciço que protegia o movimento dos campos magnéticos - assim também foi usado para seus relógios de luxo. Os IWC's dos 1940's e os 50's são hoje altamente colecionáveis e de grande procura, por isso têm seu preço mais elevado comparado a outros tipos

9.13 Patek Philippe

A companhia conhecida hoje como Patek Philippe foi fundado em Genebra em 1839, por um exilado polonês Conte Antoine Norbert de Patek e seu compatriota Francois Czapek. Os primeiros relógios foram os Patek, Czapek & Co. assinados assim até 1845 quando Czapek saiu da parceria. Diversos anos mais tarde a companhia foi juntada pelo fabricante de relógios francês, Jean Adrien Philippe, que se transformou mais tarde no inventor do sistema de haste-enrolamento que ajustam o mecanismo, um conceito moderno e de confiança. Maio 1845 a janeiro 1851 a firma foi batizada como Patek & Co; Philippe cedeu seu nome à companhia em 1851 e se transformou em um sócio permanente. Entre as razões para o sucesso inicial da empresa era o padrão elevado de fazer relógios e da praticidade do novo sistema de haste-enrolamento de Philippe que se sucedeu nos anos seguintes da parceria.

9.14 Relógios Elgin

A empresa foi constituída pela primeira vez em agosto de 1864 como a National Watch Company, em Chicago, Illinois, por Philo Carpenter, Howard Z. Culver, Benjamin W. Raymond, Benjamin W. Raymond, George M. Wheeler, Thomas S. Dickerson e W. Robbins. Em setembro do mesmo ano, os fundadores visitaram a Waltham Watch Company em

Waltham, Massachusetts, e convenceram com sucesso sete relojoeiros da Waltham a trabalhar para sua nova empresa.

A crescente cidade jovem de Elgin, Illinois, cerca de 48 quilômetros a noroeste de Chicago, foi escolhida como o local da fábrica. Inicialmente, como parte do acordo, a cidade foi solicitada a doar 35 acres (142.000 m²) de terreno para a construção da fábrica. Uma fazenda abandonada foi selecionada para isso, no entanto, os proprietários se recusaram a vender a propriedade, a menos que a cidade comprasse seus 71 acres por US $ 3.550. Quatro empresários de Elgin concordaram em comprar a propriedade e depois doaram os 35 acres necessários à empresa de relógios. A empresa foi reorganizada em abril de 1865 e a fábrica foi concluída em 1866. O primeiro movimento, entregue em 1867, foi nomeado BW Raymond em homenagem a Benjamin W. Raymond. O relógio era de tamanho 18, com design de prato cheio. Em 1869, a National Watch Company ganhou "Best Watches, Illinois Manufacture" na 17ª Feira Anual do Estado de Illinois, pela qual ganhou uma medalha de prata. A empresa mudou oficialmente seu nome para Elgin National Watch Company em 1874, já que o nome Elgin havia sido usado em seus relógios.

A empresa construiu o Elgin National Watch Company Observatory em 1910 para manter tempos cientificamente precisos em seus relógios. A empresa produziu muitos dos movimentos automáticos de relógios de pulso feitos nos Estados Unidos, começando com os calibres 607 e 618 (que eram vento de choque) e os calibres 760 e 761 (30 e 27 joias, respectivamente). Durante a Segunda Guerra Mundial, toda a fabricação civil foi interrompida e a empresa mudou-se para a indústria de defesa, fabricando relógios militares, cronômetros, espoletas para projéteis de artilharia, altímetros e outros instrumentos de aeronaves e rolamentos de safira usados para apontar canhões.

Com o tempo, várias plantas adicionais foram operadas, principalmente em Elgin. No entanto, plantas adicionais foram localizadas em Aurora, Illinois e Lincoln, Nebraska. A fábrica obsoleta original em Elgin fechou em 1964, depois de produzir metade do número total de relógios de bolso fabricados nos Estados Unidos. A fábrica foi demolida em 1966. Em 1964, a empresa transferiu a maioria das operações de fabricação para uma nova fábrica em Blaney, uma cidade perto de Columbia, Carolina do Sul, que passou a se chamar Elgin Carolina do Sul. Um prédio alugado em Elgin, abrigava escritórios, além de departamentos de revestimento, montagem, expedição, serviços e materiais comerciais foi mantido até cerca de 1970. Toda a fabricação americana foi descontinuada em 1968 e os direitos sobre o nome "Elgin" foram vendidos e subsequentemente revendidos várias vezes ao longo dos anos. Os direitos foram adquiridos pela MZ Berger Inc., que fabrica seus relógios na China e os distribui fora das concessionárias tradicionais de relógios. Os relógios da marca Elgin produzidos após 1968 não têm conexão com a Elgin Watch Company. A cidade de Elgin, Dakota do Norte, deriva seu nome da marca de relógios. Da mesma forma, NBA Hall of Famer Elgin Baylor foi nomeado após o Elgin Nacional Watch Company.

9.16 Relógios Waltman

Nome: American Waltham Watch Company

Em 1850, Roxbury, Massachusetts, David Davis, Edward Howard e Aaron Lufkin Dennison formaram juntos à companhia que se transformaria mais tarde na American Waltham Watch Company. A idéia do negócio revolucionária a forma de fabricar peças para o movimento dos relógios. A ideia era que as peças fossem inteiramente permutáveis. Baseado na experiência de umas experimentações falhas anteriormente, Howard e Dennison aperfeiçoariam e patentiaram seu relógio com a precisão que daria origem ao sistema americano de fabricação de relógios que mais tarde seria reconhecido no mundo inteiro.

9.17 Relógios Hamilton

Se falarmos de Hamilton, falamos da história da indústria relojoeira norte americana. Para esta mostra se escolheram peças que refletem a natureza da assinatura e sua contribuição à indústria norte americana ao longo destes anos: à tecnologia do transporte ferroviário, em seus esforços militares, e na criação do primeiro relógio eletrônico. Ademais, Hamilton apresenta relógios de moda de mulher desde princípios de século, desenhos dos anos 50 e 60, e maravilhas tecnológicas como os primeiros relógios digitais e os cronógrafos automáticos dos anos 70.

9.18 Hamilton Watch,

Fundada em Lancaster, Pennsylvania, em 1892, exemplifica a definição do talento norte americano. Mantendo Norte américa em hora durante mais de um século, Hamilton continua desenhando e produzindo relógios clássicos de grande qualidade. Hamilton, pioneiro em tecnologia, sempre desempenhou um papel de líder em inovação e desenvolvimento, fazendo avançar à indústria relojeira com cada nova linha de produtos.

9.19 Fabricantes anônimos

Uma das coisas que mais me fascina neste grande universo de medir o tempo são os fabricantes de relógios anônimos. São relógios sem nenhuma inscrição que denuncie a sua origem ou o seu criador. Verdadeiras obras de arte que não foram assinadas por seus feitores. Eu, em particular sou apaixonado por estes relógios. São belas peças que sobreviveram ao tempo por serem belas. A arte gravada em cada detalhe da peça criou vida e conta sua própria história. Estes geniosos relojoeiros talvez fossem da opinião de que "arte fala por si mesma" e ninguém precisa falar por ela. Não quero pensar que seja diferente o motivo de não assinarem sua arte e assim agradeço aos relojoeiros anônimos por assim decidirem. Vamos conhecer um pouco desta arte através da história que ela mesma nos conta.

As mudanças de tecnologia ocorridas nos relógios mecânicos ao longo do tempo definem as épocas em que tais relógios foram fabricados. É a partir delas que o colecionador pode identificar e precisar os períodos para catalogar algumas peças que não têm pistas gravadas por seu fabricante. Isto é importante na medida que muitos relógios, principalmente os femininos não trazem nomes de fabricantes ou marcas que os identifique. Neste capítulo vamos fazer um estudo das mudanças ocorridas com os relógios ao longo do tempo. O texto cobre as mudanças mecânicas, de estilos e na decoração dos relógios.

Nesta oportunidade, a pesquisa mostrará ao leitor uma linha de tempo na evolução tecnológica dos relógios e as suas várias características e de melhorias dos relógios mecânicos. Nem sempre será possível ligar uma mudança a uma data precisa mais, dentro do possível, vamos definir um período aproximado para cada uma delas. Estas informações podem ser valiosas para o colecionador à medida que em alguns relógios só poderemos checar a sua autenticidade através da tecnologia empregada. Devemos notar que falsificações não são exclusividades dos tempos modernos. Abraham-Louis Breguet teve seus relógios falsificados durante toda sua vida (como o Rolex é falsificado nos dias de hoje). Os relógios de Breguet passaram a incluiu uma assinatura secreta em seus mostradores para demonstrar a sua autenticidade. Tompion, Graham e Arnold também tomaram cuidados contra as falsificações no seu tempo.

Conclusão

A prática de colecionar relógios de bolso é muito mais que um simples passatempo; é uma jornada por tempos, histórias e obras de arte em forma de precisão mecânica. Cada peça guarda uma narrativa única, momentos preservados em engrenagens e design minucioso, refletindo o avanço tecnológico e a maestria artesanal de sua época. Como colecionadores, temos o privilégio de nos conectar a um passado que segue "ticando" e que nos lembra da beleza e do valor de tradições que perduram.

Espero que este livro tenha proporcionado uma visão completa sobre a rica herança, os aspectos práticos e o prazer que acompanham o colecionismo de relógios de bolso. Seja você um colecionador experiente ou apenas iniciando nessa jornada, que cada peça em sua coleção traga uma apreciação maior pelo equilíbrio entre a mecânica e a arte que esses tesouros representam. Valorize cada relógio, e que sua coleção cresça como uma linha do tempo pessoal de descobertas, paixões e conexões com o passado.

Obrigado por me acompanhar nesta exploração de verdadeiras relíquias do tempo.

www.ingramcontent.com/pod-product-compliance
Lightning Source LLC
Chambersburg PA
CBHW052325220526
45472CB00001B/280